Dieter Bohn, Denny Karwath

Konzeption zur Gebäudekostenoptimierung

Mietersituation: Reduzierung der absoluten objektbezogenen Kosten - Eigentümersituation: Optimierung der Ertragslage / Objektrentabilität

GRIN Verlag

Bibliografische Information der Deutschen Nationalbibliothek:

Die Deutsche Bibliothek verzeichnet diese Publikation in der Deutschen Nationalbibliografie; detaillierte bibliografische Daten sind im Internet über http://dnb.d-nb.de/ abrufbar.

Impressum:

Druck und Bindung: Books on Demand GmbH, Norderstedt Germany
ISBN: 978-3-640-15641-2

Dieses Buch bei GRIN:

http://www.grin.com/de/e-book/94358/konzeption-zur-gebaeudekostenoptimierung

University of Applied Sciences

GEORG-SIMON-OHM
FACHHOCHSCHULE
NÜRNBERG

Projektarbeit

Konzeption zur Gebäudekostenoptimierung

Mietersituation: Reduzierung der absoluten objektbezogenen Kosten

Eigentümersituation: Optimierung der Ertragslage / Objektrentabilität

vorgelegt von:

Dieter Bohn und Denny Karwath

Datum: 06.09.2007

Inhaltsverzeichnis

Abbildungsverzeichnis

1 Ausgangssituation:

Ziel der Verfasser dieser Projektarbeit ist es, ein Gebäude im Randbereich einer größeren Stadt hinsichtlich der Optimierung der Betriebskosten zu analysieren, da der Mieter angekündigt hat, auf Grund der hohen Kostensituation den Mietvertrag ggf. nicht zu verlängern.

Aus diesem Grund wurde in Absprache mit dem Mieter vom Eigentümer des Objektes ein Auftrag zur Analyse der Kostensituation und zur Erstellung eines Kostenoptimierungskonzeptes erteilt.

Ziel der Ausarbeitung ist es, eine Win-win Situation für Vermieter und Mieter zu schaffen. Ziel des Konzeptes soll es zum Einen sein für den Mieter eine nachhaltige Reduzierung der absoluten Jahreskosten (Miet- und Nebenkosten) zu erreichen, um so eine langfristige Vermietung des Objektes sicherzustellen. Zum Anderen soll auch eine Verbesserung der Ertragssituation sowie eine Steigerung der Objektrentabilität für den Eigentümer erreicht werden.

Zudem ist der Vermieter auf einen zufriedenen Mieter angewiesen, um möglichst eine langfristige Vollvermietung zu erreichen bzw. in diesem Fall eine vorzeitige Vertragsverlängerung bis 2014 zu erreichen.

2 Allgemeine Objektangaben

Das zu untersuchende Gebäude wurde zum 01.07.1999 fertig gestellt und besteht aus einem Untergeschoss, drei Vollgeschossen und einem Teilgeschoss als Dachgeschoss. Das Objekt ist seit seiner Fertigstellung durch den Eigentümer an eine EDV Firma vermietet.

Die Dienstleistungen rund um den Gebäudebetrieb werden einerseits von einem durch die EDV-Firma eingestellten Hausmeister und durch ein von ihr beauftragtes Reinigungsunternehmen, andererseits durch vom Besitzer beauftragte externe Ver- und Entsorger, Sicherheitsdienste und Wartungsfirmen erbracht.

Die Grundstücksfläche beträgt 2.030m² und die bebaute Bruttogrundfläche 513m². Im Untergeschoss des Gebäudes befinden sich die Technikzentralen, Lagerflächen und 24 Tiefgarageneinstellplätze (Doppelparker). Im ebenerdigen Erdgeschoss sind ein Verkaufs- und Ausstellungsraum sowie Werkstatträume mit Tageslager vorzufinden.

Außerdem befinden sich im EG EDV-Schulungsräume für Kunden und ein Sozialraum. Im 1.OG und 2.OG erstrecken sich laut Plan 28 Büroräume. Das Dachgeschoss besteht aus einer Technikzentrale, einem Konferenzraum einschl. Foyer und Zugang für ca. 30 Personen und einem großzügigen Dachgarten mit extensiver Begrünung.

Alle Geschosse werden durch einen zentralen Treppenbereich mit Personen- / Lastenaufzug und angegliederten Sanitärräumen und Flurbereichen erschlossen.

Die Bruttogrundfläche des Gebäudes beträgt 2.228m², die vermietbare Fläche ist 1.611m² (ohne Tiefgarage), die Tiefgarage hat 238m² (ohne Zufahrtsrampe), die beheizte Fläche ist 1.687m².

Das Gebäude wird im Regelfall von Montag bis Freitag in der Zeit von 08.00 Uhr bis 18.00 Uhr genutzt. Derzeit sind von der EDV-Vertriebsfirma 42 Mitarbeiter/innen in dem zu analysierenden Gebäude beschäftigt.

3 IST-Analyse

Um ein Optimierungskonzept erstellen zu können, ist zunächst der Ist-Zustand zu untersuchen. Hierbei wird zunächst die Istkostensituation dargestellt, um im zweiten Schritt die Istkosten mit benchmarks zu vergleichen. Hieraus werden dann die Optimierungsfelder abgeleitet.

3.1 Analyse der derzeitigen Kostensituation des Mieters

Die Analyse der Gesamtkostensituation des Mieters hat zu folgender Darstellung der Ist-Situation geführt:

Gesamtkosten vor der Optimierung

	je m² VMF / p.m	Verteilschlüssel	Gesamtkosten p.a
Mietzinsen	**10,83 €**		**209.286 €**
Miete ohne Stellplätze	10,50 €	1458	183.708 €
Miete Tiefgarage	5,50 €	153	10.098 €
Stellplätze TG	35 €	24	10.080 €
Stellplätze außen	25 €	18	5.400 €
Umgelegte Betriebskosten	**3,90 €**	1611	**75.204 €**
Betriebsführung Technik	0,68 €		13.054 €
Unterhaltung	0,44 €		8.500 €
Versorgung	1,05 €		20.300 €
Sicherheitsdienst	0,14 €		2.700 €
Entsorgung	0,20 €		3.800 €
Haus-/Mietverwaltung	0,51 €		9.800 €
Steuern, Gebühren, Versicherung	0,88 €		17.050 €
Direkte Betriebskosten	**4,29 €**		**83.082 €**
Strom	0,58 €	1611	11.300 €
Reinigung Mietfläche	1,47 €	1611	28.387 €
Glas/Fassadenreinigung		1611	1.669 €
Reinigung Gemeinschaftsfläche	0,38 €	1611	5725 €
Hausmeisterdienste	1,86 €	1611	36.000 €
Summe:	**19,02 € /m²**		**367.571 €**

Aus der Aufsummierung sämtlicher Jahreskosten ergibt sich eine Kostengröße von 19,02 € je m² gemietete Fläche und Monat.

3.2 Betriebskostenbenchmarking

Eine Benchmarkinguntersuchung ist grundsätzlich ein Kennzahlenvergleich mit vergleichbaren Objekten auf hoch aggregierter Ebene um Handlungsfelder schnell zu erkennen. Die nachfolgenden Grundsätze gelten für das im Rahmen des Projektes durchgeführte Benchmarking.

- **Suche nach dem Besten „best practice"** ⇒ Wo stehen wir?
  <u>Achtung:</u> es werden in der Praxis oft Mittelwerte verglichen
- **Vergleichen von Dienstleistungen, Produkten, Prozessen und Methoden - sowohl intern als auch extern - anhand von Kennwerten** ⇒ von anderen lernen
- **Aufdecken von Stärken und Schwächen** ⇒ Transparenz
  (Bereitschaft zu Offenheit und Wille zur Veränderung erforderlich)
- **Durch Abbildung verschiedener Kostenstellen innerhalb einer Immobilie entsteht ein** ⇒ anschaulicher Rahmen für ein internes Controlling
- **Analyse - Bewertung** ⇒ Maßnahmen zur Optimierung
  Handlungsfelder darstellen

Die unter 3.1 abgebildete Kennzahlentabelle setzt sich aus den Betriebskosten des letzten abgerechneten Jahres zusammen. Bei der Kennzahlenermittlung wurden die direkten Mietkosten (bezahlte Betriebskosten durch den Mieter) und die indirekten Mietkosten (Hausverwaltung an Vermieter) addiert sowie die Kosten der Reinigungsdienste der Mietfläche (EDV-Firma) und die durch Mieter und Vermieter gemeinschaftlich genutzten Mietflächen zusammengefasst.

Die Bestandskennzahlen des betrachteten Objektes ergeben sich aus den jeweiligen Betriebskosten, dividiert durch die Gesamtbruttogrundfläche des Gebäudes. Bei den Unterhaltsreinigungs- bzw. den Glas- und Fassadenreinigungskosten wurde die vermietbare Fläche bei der Ermittlung der Kennzahlen zugrunde gelegt.

Die Vergleichskennzahlen (Mittelwerte) wurden mit Hilfe der hauseigenen Benchmarking – Software bzw. Datenbank FM BOS ermittelt. Dabei wurden die Zahlen des Bestandsobjekts mit den Daten von Objekten mit den gleichen Parametern verglichen. Die folgenden Parameter aus der Datenbank wurden bei der Ermittlung der neuen Kennzahlen berücksichtigt:

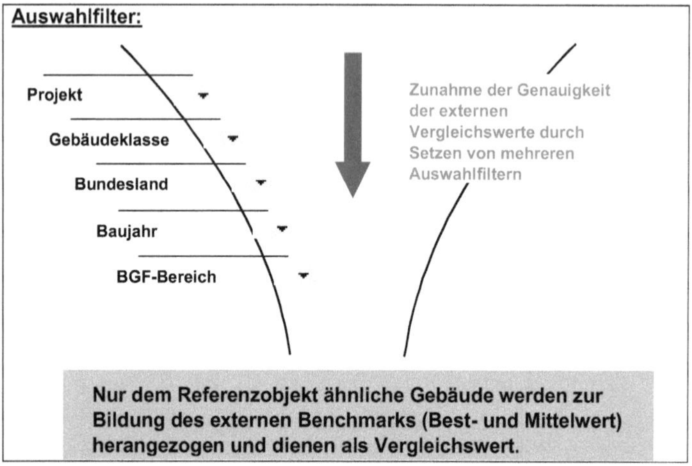

Abbildung 1 Auswahlfilter zur Bildung der Kennzahlen

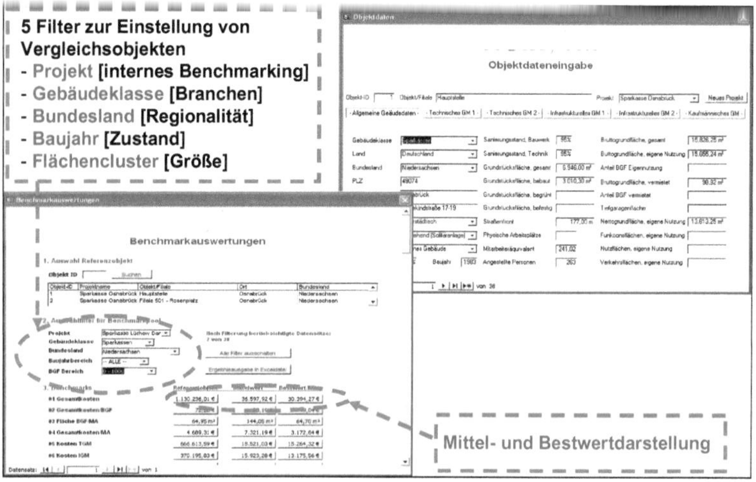

Abbildung 2 Darstellung des Benchmarktools

- Gebäudegröße	= 2.228m² Bruttogrundfläche
- Gebäudeklasse	= Büro-, Verwaltungsgebäude
- Bundesland	= deutschlandweiter Vergleich
- Baujahrbereich	= 1990
- Projekte	= Vergleich aller Objekte der Datenbank

Des Weiteren wurden die Kennzahlen einmal pro Monat und einmal pro Jahr errechnet. Beim Benchmarking konnten aufgrund fehlender Vergleichsmöglichkeiten nicht alle Kennzahlen der jeweiligen Kostengruppen ermittelt werden.

<u>Folgende Kostenarten wurden einem Benchmarking unterzogen:</u>

- 220 Betriebsführung Technik → Wartung TGA
- 250 Wasserversorgung → Abwasser- / Wasserkosten
- 250 Wärmeversorgung → Heizung (Wärme)
- 250 Stromversorgung → Strom
- 430 Sicherheitsdienste → Objektschutz
- 490 Entsorgung → Müllgebühren
- 420 Glas- und Fassadenreinigung → Glasreinigung
- 420 Unterhaltsreinigung → Flächenreinigung
- 440 Hausmeisterdienste → Hausmeister

Das Benchmarking brachte das Ergebnis, dass bei einigen Kostengruppen erhebliche Unterschiede zu den Werten von Objekten mit vergleichbaren Parametern bestanden. Insgesamt kamen nur vier der untersuchten Kostengruppen an die Durchschnittswerte der Benchmarkingdatenbank heran.

			2228	BGF				
			1611	VMF				
				BESTANDSKENN-ZAHLEN (IST)		VERGLEICHSKENN-ZAHLEN (SOLL) (FM BOS, IFMA)		Bewertung/ Handlungsfelder
	KGr	Kostenarten	€/a o. MwSt.	€/m² BGF pro Monat	€/m² BGF pro Jahr	€/m² BGF pro Monat	€/m² BGF pro Jahr	
	224	Wartung TGA	11.454,00	0,43	5,14	0,46	5,50	OK
	225	Kleine Instandsetzung (Materialkosten)	1.600,00	0,06	0,72			
220		**Betriebsführung Technik**	**13.054,00**	**0,49**	**5,86**			
	231	Erneuerung Bodenbelag Eingang	5.000,00	0,19	2,24			
	232	Ventilator Austausch	3.500,00	0,13	1,57			
230		**Bauunterhalt**	**8.500,00**	**0,32**	**3,82**			
	251+ 253	Abwassergebühren + Wasserkosten	1.400,00	0,05	0,63			
250		**Versorgen/Entsorgung (Wasser)**	**1.400,00**	**0,05**	**0,63**	**0,08**	**0,96**	OK
	255	Energieträger für Heizzwecke (Gas) / Wärme	10.500,00	0,39	4,71			
250		**Versorgen (Wärme)**	**10.500,00**	**0,39**	**4,71**	**0,41**	**4,93**	OK
	256	Strom TGA (Kühlen + Fördern) +	8.400,00	0,31	3,77			
	257	Strom Geräte, Beleuchtung Mietfläche	11.300,00	0,42	5,07			
250		**Versorgen (Strom)**	**19.700,00**	**0,74**	**8,84**	**0,63**	**7,50**	ZU HOCH
	432	Objektschutz	2.700,00	0,10	1,21			
430		**Sicherheitsdienste**	**2.700,00**	**0,10**	**1,21**	**0,11**	**1,27**	OK
	492	Müllgebühren	3.800,00	0,14	1,71			
490		**Entsorgen**	**3.800,00**	**0,14**	**1,71**	**0,13**	**1,50**	ZU HOCH
	611	Haus- und Mietverwaltung	9.800,00	0,37	4,40			
610		**Kostenrechnung / Controlling**	**9.800,00**	**0,37**	**4,40**			
	624	Grundsteuer +	14.200,00	0,53	6,37			
	625	Gebühren und Abgaben						
	626	Versicherungen	2.850,00	0,11	1,28			
620		**Objektbuchhaltung**	**17.050,00**	**0,64**	**7,65**			
	422 + 423	Glas- + Fassadenreinigung	1.140 + 1669					
420		**Glas- + Fassadenreinigung**	**2.809,00**	**0,15**	**1,26**	**0,09**	**1,05**	ZU HOCH
	424	Unterhaltsreinigung	27.247 + 5.725					
420		**Unterhaltsreinigung**	**32.972,00**	**1,71**	**14,80**	**0,61**	**7,30**	ZU HOCH
440		**Hausmeisterdienste**	**36.000,00**	**1,35**	**16,16**	**0,30**	**3,62**	ZU HOCH
SUMME Tab1 + Tab2		**Betriebskosten Gesamt o. MwSt.**	**158.285,00**					
Flächenkennzahlen		**Flächenausnutzung**	**42 MA auf 2228 m² [BGF]**		**53**		**30,00**	ZU HOCH

Abbildung 3 Benchmark Vergleich

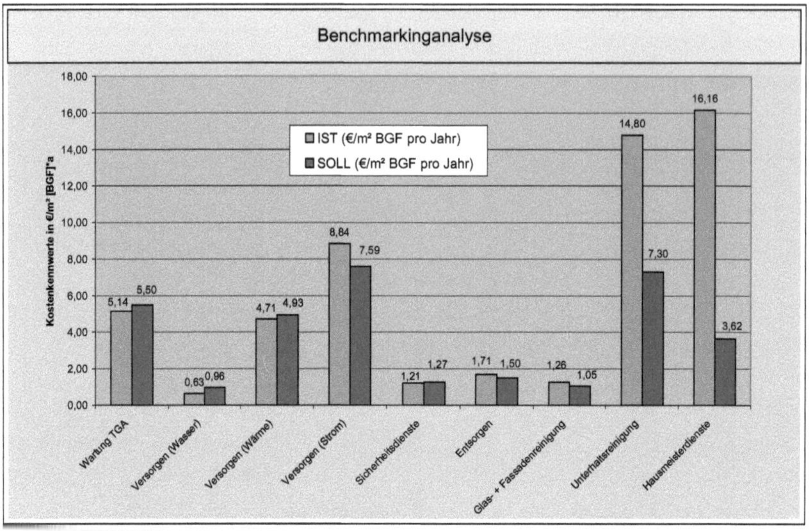

Abbildung 4 Benchmarkingauswertung

Während sich die Betriebskosten für die Kostengruppen:

- 220 Betriebsführung Technik→ Wartung TGA
- 250 Wasserversorgung→ Abwasser- / Wasserkosten
- 250 Wärmeversorgung→ Heizung
- 430 Sicherheitsdienste→ Objektschutz

des betrachteten Objekts im Benchmarkingvergleich auf einem normalen Niveau bewegten, stellten sich die folgenden Kostengruppen als hohe Kostenfaktoren heraus. Offensichtliches Einsparpotential besitzen:

- 250 Stromversorgung
- 490 Entsorgung/Müll
- 420 Glas- und Fassadenreinigung / 420 Unterhaltsreinigung
- 440 Hausmeisterdienste.

Gravierend fielen die Unterschiede bei den Kostengruppen:

- 420 Unterhaltsreinigung
- 440 Hausmeisterdienste auf

Der jährliche Quadratmeterpreis (€/m²) bezogen auf die vermietbare Fläche fiel beispielsweise beim betrachteten Objekt bei der Unterhaltsreinigung mit 14,80 €/m² gleich mehr als zweimal so hoch aus wie bei deutschlandweit vergleichbaren Objekten (7,30 €/m²).

Eine Differenz konnte man zudem bei den Hausmeisterdiensten feststellen. Sie bewegten sich beim Musterobjekt bei jährlichen 16,16 €/m², während die Vergleichsobjekte eine Kennzahl von 3,62 €/m² aufwiesen. Dieser Unterschied könnte allerdings daraus resultieren, dass der Hausmeister diverse Wartungs- und Reparaturarbeiten an Abwasser-, Wasser- und Gasanlagen selbst durchführt sowie manche Anlagen selbstständig bedient und betreibt.

Eine Kostenoptimierung für den Bereich Hausmeister kann nur unter Zugrundelegung eines neuen Betriebskonzeptes realisiert werden. Aus diesem Grund werden die Kostenoptimierungspotenziale unter dem Kapitel Betriebskonzept (Kap. 4.3) detailliert dargestellt.

Des Weitern ist die bestehende Flächenausnutzung nicht optimal. Dieses spiegelt sich auch in den Kennzahlen für die Flächen je Mitarbeiter (MA) bezogen auf die BGF wider. Die IST-Flächenkennzahl liegt derzeit bei ca. 53 m² / MA [BGF]. Vergleichskennzahlen für den Bereich Büronutzung werden mit ca. 30 m² / MA [BGF] angegeben.

3.3 Ermittlung der Auskömmlichkeit der Miete als Preisuntergrenze

Um für die anstehenden Verhandlungen zwischen Vermieter und Mieter bezüglich des Mietpreises und der Mietkonditionen den Verhandlungsspielraum zu ermitteln, muss zunächst die Auskömmlichkeit des Mietpreises überprüft und die Preisuntergrenze errechnet werden.

Über die Nettokaltmiete sollten mindestens die Abschreibungen, die Verzinsung des eingesetzten Kapitals sowie die nicht umlagefähige Nebenkosten abgedeckt werden.

3.3.1 Abschreibungen

Abschreibungen werden vorgenommen, um stets den aktuellen Wert des Betriebsvermögens aus der Buchführung ersehen zu können und den Wertverlust durch Abnutzung oder Alterung der Anlagegüter als Kosten buchhalterisch nachvollziehen und kostenrechnerisch in die Preiskalkulation einbeziehen zu können. Da für die Kalkulation der Preisuntergrenze eine kostenrechnerische Betrachtung angestellt wird, kann die Abschreibungsmethode unabhängig von handelsrechtlichen Vorschriften gewählt werden.

Für die anstehende Betrachtung wird die Methode der linearen Abschreibung gewählt. Hierbei werden die Anschaffungs- bzw. Herstellungskosten des abzuschreibenden Wirtschaftsgutes (WG) gleichmäßig auf die Jahre der Nutzungsdauer aufgeteilt. In der Berechnung werden nur Anschaffungsgüter einbezogen, die einer Abnutzung bzw. eines Werteverlustes unterliegen. Die Anschaffungskosten des Grund und Bodens werden daher nicht in die Berechnung der Abschreibungssätze einbezogen.

Der Abschreibungswert wird mit der folgenden Formel berechnet:

$A_t = \frac{S}{n}$, wobei $A_t = A = const.$

A_t = Abschreibungsbetrag der Periode t, S = Anschaffungskosten n = Nutzungsdauer

Für die Investitionen des zu untersuchenden Gebäudes ergibt sich folgende Berechnung:

Tabelle: Berechnung der Abschreibungssätze

Kostenarten nach DIN 276	Kostengruppe	Anschaffungs-kosten	Nutzungsdauer	Abschreibungen im Jahr
		€	Jahre	€
100	Grundstück	507.500	kein Wertever-zehr	0
200	Herrichten	50.750	40	1.269
300	Gebäude	1.756.550	40	43.914
400	Techn. Anlagen	796.000	17	46.824
500	Außenanlagen	68.490	20	3.425
600	Ausstattung	92.450	10	9.245
700	Nebenkosten	462.250	40	11.556
Summe		3.733.990		116.232 €/p.a.

3.3.2 Kalkulatorische Zinsen

Die kalkulatorischen Zinsen sind die Zinsen, die das betriebsnotwendige Kapital bei alternativer Verwendung erbracht hätte (entgangener Gewinn).

Das betriebsnotwendige Vermögen setzt sich aus dem betriebsnotwendigen Anlagevermögen, bei zeitlich begrenzter Nutzungsdauer bewertet mit dem Anschaffungspreis und bei zeitlich begrenzter Nutzungsdauer bewertet mit dem halben Anschaffungspreis (sog. Durchschnittsverzinsung), zusammen.

Für die Betrachtung wird eine Verzinsung des Kapitals von 6% p.a. angenommen.

Somit ergeben sich für das untersuchte Objekt folgende Werte:

Tabelle: Berechnung der kalk. Zinsen

Kostengruppe	Anschaffungskosten	halbe Anschaffungskosten		Kalk. Zinsen im Jahr	
	€		€		€
Grundstück	507.500	Unbegrenzte Nutzung		x 6 %	30.450
Herrichten	50.750	begrenzt ÷ 2	25.375	x 6 %	1.523
Gebäude	1.756.550	begrenzt ÷ 2	878.275	x 6 %	52.697
Techn. Anlagen	796.000	begrenzt ÷ 2	398.000	x 6 %	23.880
Außenanlagen	68.490	begrenzt ÷ 2	34.245	x 6 %	2.055
Ausstattung	92.450	begrenzt ÷ 2	46.225	x 6 %	2.774
Nebenkosten	462.250	begrenzt ÷ 2	231.125	x 6 %	13.868
	3.733.990				127.245 €/p.a.

3.3.3 Nicht umlagefähige Nebenkosten

Die laufenden Kosten für den Betrieb einer Immobilie werden nach umlagefähigen Betriebskosten und nicht umlagefähigen Betriebskosten unterschieden. Nach dem Gewerberaummietvertrag des betrachteten Objektes werden die Nebenkosten nach der II. Berechungsverordnung umgelegt.

Umlagefähige Betriebskosten im Sinne dieser Verordnung (auch Nebenkosten genannt) sind diejenigen Kosten, die auf die Mieter umgelegt werden können. Die nicht umlagefähigen Kosten trägt der Mieter und sind folglich mit der Mietzahlung abgegolten. Dies bedeutet, dass die nicht umlagefähigen Kosten die Höhe des Mietpreises beeinflussen.

Folgende Aufzählung beinhaltet die umlagefähigen und nicht umlagefähigen Betriebskosten:

<u>umlagefähigen Kosten</u>

- Wasser-/Abwasserkosten
- Stromkosten der gemeinschaftlichen Beleuchtung
- Straßenreinigung, Winterdienst und Gartenpflege
- Müllbeseitigung
- Hausreinigung
- Kosten des Betriebs eines Aufzugs
- Wartung von technischen Anlagen
- Heizkosten, wenn eine gemeinschaftliche Heizungsanlage vorhanden ist
- Hausmeister (nur umlagefähiger Anteil)
- Schornsteinfegergebühr
- Hausversicherungen
- sonstige umlagefähigen Betriebskosten

<u>Nicht umlagefähigen Kosten</u>

- Hausmeister (z. B. für Instandhaltung, Instandsetzung, Erneuerung, Schönheitsreparaturen)
- Verwalterentgelt
- Instandhaltungsrücklage
- Reparaturen/Instandsetzungen
- sonstige nicht umlagefähigen Kosten (z. B. Anschaffung eines Rasenmähers)

Laut Mietvertrag zahlt der Mieter sämtliche anfallenden Nebenkostenkosten nach der Anlage 3 zu § 27 der II. BV, abgerechnet nach GEFMA 200.

Der Hausmeisterdienst wird durch den Mieter in Eigenregie geregelt und bezahlt. Schönheitsreparaturen werden ebenfalls in Eigenleistung des Mieters erbracht.

Bei der Überprüfung der Nebenkostenabrechnung ist auffällig, dass im vergangenen Jahr auch nichtumlagefähige Kosten entgegen der mietvertraglichen Regelung über die Nebenkostenabrechnung dem Mieter in Rechnung gestellt wurden.

Unrechtmäßig abgerechnet wurden die Kosten der

- KGr. 220: kleine Instandsetzung	1.600 €
- KGr. 230: Unterhaltungskosten (z. B. Austausch Ventilator)	8.500 €

Insgesamt betragen die nichtumlagefähigen Kosten pro Jahr 10.100,- €.

3.3.4 Bestimmung der Preisuntergrenze

Die Summe der unter den Gliederungspunkten 3.3.1 bis 3.3.3 ermittelten und über die Miete zu deckenden Kosten beträgt:

Abschreibungen	116.232 €
+ kalkulatorische Zinsen	127.245 €
+ nicht umlagefähige Kosten	10.100 €
Summe:	**253.577 € pro Jahr**

Bei einer vermietbaren Fläche von 1.611 m² beträgt die Preisuntergrenze (Kostendeckung) je m² der Miete somit:

253.577 € p.a / 12 Monate / 1.611 m² = 13,12 €/m²/Monat

3.4 Bestimmung des derzeitigen Überschusses

Die derzeitigen Mieteinnahmen betragen:

153m²	X	5,50€/m²	X	12	=	10.098 €/a
1458m²	X	10,50€/m²	X	12	=	183.708 €/a
35 Stück	X	24 €/Stellplatz			=	10.080 €/a
25 Stück	X	18 €/Stellplatz außen			=	5.400 €/a
					Σ	17.440,50 p.m
			÷	1611	=	10,83 €/Monat

Der derzeitige Überschuss (vor Steuern) ermittelt sich durch das Subtrahieren der Aufwendungen von den Einnahmen. Die Einnahmen betragen derzeit (siehe oben) 10,83 €, die Aufwendungen 13,12 €. Somit ergibt sich ein negativer Überschuss von **- 2,29 € / m²** pro Monat.

Bezieht man diesen Wert auf die vermietete Fläche, so ergibt sich ein Differenzbetrag von monatlich **ca. 3.689 €** als negativer Gewinn.

3.5 Bestimmung der Rendite des Objektes

Die Rendite einer Kapitalanlage drückt den Gesamterfolg des eingesetzten Kapitals als tatsächliche Verzinsung aus. In der Grundformel der Rendite wird dabei der Gewinn ins Verhältnis zum eingesetzten Kapital gesetzt:

$$\text{Rendite} = \frac{\text{Gewinn}}{\text{EingesetztesKapital}} \cdot 100\,\%$$ (Rendite als Prozentwert)

Um die Renditen unterschiedlicher Anlageformen mit unterschiedlich langen Anlagezeiträumen (bspw. pro Quartal) vergleichbar zu machen, werden sie in der Regel annualisiert, d.h. auf den Zeitraum eines Jahres bezogen.

Bei der Berechnung der Rendite einer Immobilie wird als Gewinn der Reinertrag der Immobilie (Jahresmietertrag - nicht umlagefähige Betriebskosten) als Gewinn angesehen. Das eingesetzte Kapital ergibt sich aus den Herstellkosten zzgl. der Finanzierungskosten.

Somit ergibt sich folgende Berechnung der Rentabilität:

$$\textbf{Rendite} = \frac{\text{Jahresmiete - nichtumlagefähige Betriebskosten} \quad 209.286\ €}{\text{Herstellkosten (+ kalkulatorische Zinsen)} \quad 3.733.990\ € \ (+\ 127.245\ €)} \times 100 = \underline{\underline{\mathbf{5{,}60\ \%}}} \quad \mathbf{(5{,}42\ \%)}$$

Als Ergebnis kann festgehalten werden, dass sich das eingesetzte Kapital, je nach Berechnungsmethode, mit etwa 5,5 % verzinst. Da sich bei einer Alternativanlage ohne Risiko welches von einer Immobilie ausgeht (bspw. Leerstand), eine Rendite von mind. 6% ergeben, ist eine Rentabilität von ca. 5,5 %, auch im Vergleich zum unter Punkt 3.4 ermittelten negativen Erfolg, kein gutes Ergebnis.

Angestrebt sollte eine Rendite werden, die oberhalb 6% liegt.

4 Ermittlung der Hauptoptimierungsfelder

Aus der Ist-Analyse lässt sich ableiten, dass zunächst für den Vermieter durch den Mietzins seine Kosten nicht vollumfänglich gedeckt werden, dennoch ergibt sich eine kaufmännische Objektrendite von ca. 5,42 %.

Aus dem unter Ziffer 3.2 dargestellten Betriebskostenbenchmarking lassen sich, überall wo die tatsächlichen Werte über dem der Benchmarks liegen, die Optimierungsfelder ableiten.

Bei dem zu untersuchenden Objekt gibt es signifikante Abweichungen in den Bereichen

- 250 Stromversorgung
- 490 Entsorgung/Müll
- 420 Glas- und Fassadenreinigung
- 420 Unterhaltsreinigung und
- 440 Hausmeisterdienste

Da die Höhe der Kosten für Entsorgung/Müll oft durch regional deutlich unterschiedliche Gebührentarife der örtlichen Entsorgungsgesellschaften abhängt, wird die nähere Betrachtung der Situation in diesem Bereich voraussichtlich keine signifikante Veränderung ergeben. Die Optimierung dieses Bereiches wird daher hier nicht weiter betrachtet.

In Bezug auf die Kosten der Stromversorgung werden in der folgenden Ausführung die Energieverbrauchskosten im Sinne einer Verbrauchsreduzierung betrachtet. Der Energieeinkauf wird nicht betrachtet, wobei hier auch Einsparpotential wahrscheinlich sind.

Weiterhin wird auch der Flächenbedarf im Sinne eines Flächenmanagements untersucht. Die Reduzierung von nicht benötigten Flächen führt grundsätzlich zur nachhaltigen Reduzierung der Gesamtjahreskosten.

Die Strategie der auszuarbeitenden Optimierung sollte es sein, die genutzte Flächen an sich zu reduzieren und im Nachgang eine Optimierung der flächenbezogenen Kosten umzusetzen.

4.1 Handlungsfeld Flächenoptimierung

Hinsichtlich der derzeitigen Flächennutzung durch die EDV-Firma könnten sich Optimierungspotenziale in Bezug auf die Nutzfläche ergeben. Daher wird zunächst der Bedarf an Fläche ermittelt und mit der derzeitigen Flächennutzung verglichen. Hieraus könnte sich ergeben, dass Teilflächen abgemietet werden (Kostenreduzierung für den Mieter) und weitere Flächen an andere Mieter zu anderen Konditionen vom Eigentümer vermarktet werden könnten (win-win-Situation).

4.1.1 Momentane Flächensituation

In der nachstehenden Tabelle ist die derzeitige Flächennutzung des Mietobjektes erkennbar. Ein Ziel der Untersuchung ist es, die Flächennutzung zu optimieren, um ggf. Teilflächen abzumieten und somit den laufenden Aufwand für Mietzahlungen des Mieters zu minimieren.

Tabelle: derzeitige Flächennutzung

Raumnutzung des untersuchten Objektes					
Raum-Nr.	Nutzung	Etage	Reinigungsfläche (m^2)	mögliche Arbeitsplätze	tatsächliche Belegung
0.02	Sozialraum	EG	49,29		
0.03	Schulungsraum	EG	18,98	5	bei Schulung
0.04	Schulungsraum	EG	38,93	12	bei Schulung
0.05	Schulungsraum	EG	32,61	8	bei Schulung
0.07	Werkstatt	EG	38,59	2	1
0.08	Werkstatt	EG	32,61	2	1
0.09	Verkauf	EG	100,18	2	2
1.01	Büro	1. OG	19,46	2	1
1.02	Büro	1. OG	19,23	2	0
1.03	Büro	1. OG	19,23	2	2
1.04	Büro	1. OG	19,23	2	1
1.05	Büro	1. OG	19,23	2	1
1.06	Büro	1. OG	19,23	2	2
1.07	Büro	1. OG	12,92	1	1
1.08	Büro	1. OG	13,06	1	1
1.09	Büro	1. OG	19,27	2	2
1.10	Büro	1. OG	19,27	2	2
1.11	Büro	1. OG	19,27	2	2
1.12	Büro	1. OG	19,27	2	1
1.13	Büro	1. OG	19,27	2	2
1.14	Büro	1. OG	19,57	2	0
2.01	Büro	2. OG	19,46	2	1
2.02	Büro	2. OG	19,23	2	2
2.03	Büro	2. OG	19,23	2	2
2.04	Büro	2. OG	19,23	2	1
2.05	Büro	2. OG	19,23	2	1
2.06	Büro	2. OG	19,23	2	1
2.07	Büro	2. OG	12,92	1	1
2.08	Büro	2. OG	13,06	1	1
2.09	Büro	2. OG	19,27	2	1
2.10	Büro	2. OG	19,27	2	2
2.11	Büro	2. OG	19,27	2	2
2.12	Büro	2. OG	19,27	2	2
2.13	Büro	2. OG	19,27	2	2
2.14	Büro	2. OG	19,57	2	1
3.02	Konferenzraum	DG	61,78	30	bei Konferenzen

Im EG ist derzeit ein Verkaufs- und Ausstellungsraum sowie Werkstatträume mit Tageslager mit momentan zwei ständigen Arbeitsplätzen eingerichtet. Die Büros im 1.OG und 2.OG werden momentan durch 40 ständige Arbeitsplätze besetzt. Die Schulungs- und Konferenzräume werden nur zu Schulungen und Konferenzen genutzt.

Im Vergleich der möglichen Bürobelegung mit der derzeitigen Belegung wird deutlich, dass der Mieter aus der Fläche keinen optimalen Nutzen zieht. Bei der Bewertung der Flächensituation wurde das Untergeschoss außer Acht gelassen. Betrachtet wurden das EG, 1.OG, 2.OG und das DG.

Insgesamt arbeiten derzeit 42 Mitarbeiter in 31 Räumen. Vier Räume werden nur zu Konferenz- und Schulungszwecken genutzt. Zeitgleich würden, wenn alle Räume (einschließlich der Schulungsräume und des Konferenzraumes) voll ausgelastet wären, 113 Arbeitsplätze in dem Objekt zur Verfügung stehen.

Auffällig ist, dass ein Großteil der Räume unter der maximal möglichen (also nur einfach statt zweifach besetzt) Belegungszahl oder zum Teil gar nicht belegt ist (siehe oben rot markiert).

Außerdem stellt sich die Frage, ob drei Schulungsräume benötigt werden. Es sollte eine optimale Auslastung angestrebt werden und über eine mögliche Nutzung bzw. die Umstrukturierung zu Büroarbeitsplätzen nachgedacht werden. Mit dem über 60m² großen Konferenzraum im Dachgeschoss steht ein Raum zur Verfügung, der zu Schulungszwecken und als Konferenzraum gleichermaßen genutzt werden könnte.

4.1.2 Flächenbedarf

Anhand des Belegungsplanes lässt sich ermitteln, dass für den Betrieb der EDV-Firma neben dem Verkaufsraum und der Werkstatt insgesamt 38 Büroarbeitsplätze benötigt werden.

Tabelle: optimierte Flächenausnutzung

Raumnutzung des untersuchten Objektes					
Raum-Nr.	Nutzung	Etage	Reinigungs-fläche (m²)	mögliche Arbeitsplätze	optimierte Belegung
0.02	Sozialraum	EG	49,29		bei Schulung
0.03	Schulungsraum	EG	18,98	5	2
0.04	Schulungsraum	EG	38,93	12	6
0.05	Schulungsraum	EG	32,61	8	4
0.07	Werkstatt	EG	38,59	2	1
0.08	Werkstatt	EG	32,61	2	1
0.09	Verkauf	EG	100,18	2	2
1.01	Büro	1. OG	19,46	2	2
1.02	Büro	1. OG	19,23	2	2
1.03	Büro	1. OG	19,23	2	2
1.04	Büro	1. OG	19,23	2	2
1.05	Büro	1. OG	19,23	2	2
1.06	Büro	1. OG	19,23	2	2
1.07	Büro	1. OG	12,92	1	1
1.08	Büro	1. OG	13,06	1	1
1.09	Büro	1. OG	19,27	2	2
1.10	Büro	1. OG	19,27	2	2
1.11	Büro	1. OG	19,27	2	2
1.12	Büro	1. OG	19,27	2	2
1.13	Büro	1. OG	19,27	2	2
1.14	Büro	1. OG	19,57	2	2
2.01	Büro	2. OG	19,46	2	0
2.02	Büro	2. OG	19,23	2	0
2.03	Büro	2. OG	19,23	2	0
2.04	Büro	2. OG	19,23	2	0
2.05	Büro	2. OG	19,23	2	0
2.06	Büro	2. OG	19,23	2	0
2.07	Büro	2. OG	12,92	1	0
2.08	Büro	2. OG	13,06	1	0
2.09	Büro	2. OG	19,27	2	0
2.10	Büro	2. OG	19,27	2	0
2.11	Büro	2. OG	19,27	2	0
2.12	Büro	2. OG	19,27	2	0
2.13	Büro	2. OG	19,27	2	0
2.14	Büro	2. OG	19,57	2	0
3.02	Konferenzraum	DG	61,78	30	bei Konferenzen

Potenziale für Neuvermietung!

4.1.3 Optimierte Mietfläche der EDV-Firma

Nach Auffassung der Verfasser kann die Effektivität der momentanen Flächensituation der EDV-Vertriebsfirma in erheblichem Maße gesteigert werden.

Im ersten OG stehen insgesamt 26 mögliche Büroarbeitsplatze zur Verfügung. 18 sind davon tatsächlich belegt. Die Auflösung und Umstrukturierung der Schulungsräume zu Büroräumen im EG würde auf insgesamt 90,52m² 12 neue Büroarbeitsplätze bieten können.

Somit stehen im EG und 1.OG insgesamt 20 mögliche Büroarbeitsplätze zur Verfügung. Im 2. OG sind derzeit 20 Büroarbeitsplätze eingerichtet, so dass durch die Umstrukturierung alle 42 Mitarbeiter im EG und ersten Obergeschoss untergebracht werden könnten.

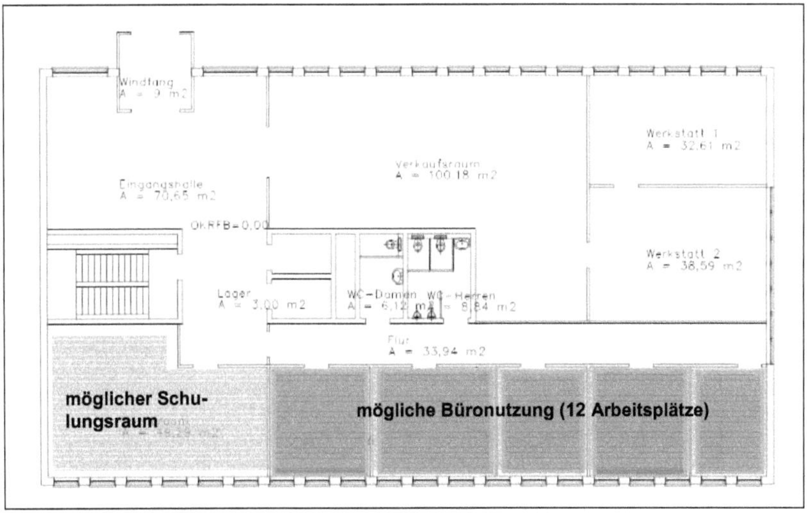

Abbildung 5 Mögliche neue Büroflächen im EG

Der Konferenzraum im Dachgeschoss könnte weiterhin als großer Meeting- und Schulungsraum genutzt werden. Die Doppelnutzung als Konferenzraum und Schulungsraum könnte bspw. mit portablen Netzwerken (Notebooks) punktuell ausgestattet werden. Durch die Installation eines Trennwandsystems könnte auch eine Teilung des Raumes ermöglicht werden, so dass auch zwei Schulungen parallel durchgeführt werden könnten.

Für die DG-Räume wird jedoch vorgeschlagen keine dauerhafte Anmietung anzustreben sondern die Fläche nur bei Schulungsbedraf punktuell vom Eigentümer anzumieten. Während der verbleibenden Zeiten könnte der Raum an Dritte vermietet werden.

Als eine weitere Fläche, die als Schulungsraum umgenutzt werden könnte, steht der Sozialraum im EG mit 49 m² zur Verfügung. Der Ausgleich des Sozialraumes könnte auf dem großzügigen Flur im 1.OG, bspw. als „Kommunikationsinsel“ ausgeführt, entstehen.

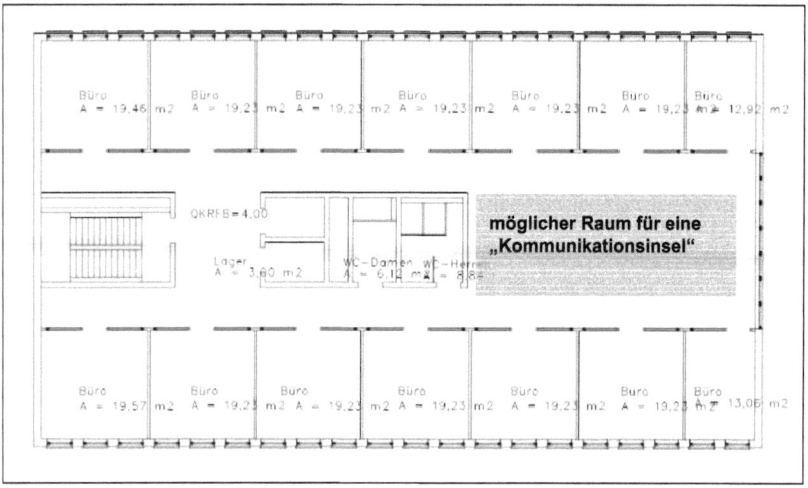

Abbildung 6 Mögliche Kommunikationsinsel im 1. OG

Der Raumbedarf der EDV-Vertriebsfirma könnte durch eine verbesserte Ausnutzung der vorhandenen Flächen im EG und 1. OG gedeckt werden.

4.1.4 Auswirkungen der Flächenoptimierung für den Mieter

Wie die Betrachtung der Flächen zeigt, können die Räume im 2. OG und im DG abgemietet werden. Für die Räume im DG müsste ein Vertrag zur tageweise Anmietung abgeschlossen werden.

Somit stünden (der Bedarf im UG wurde nicht hinterfragt) nach der Flächenoptimierung 883m² Mietfläche, zzgl 153m² Fläche im UG zur Verfügung. Insgesamt 541m² (431m² OG + 110m² DG) könnten somit abgemietet werden.

Bewertet mit dem derzeitigen Mietzins von 10,50 €/m² ergibt sich eine monatliche Reduzierung der fixen Kosten von 5.680,50 €. Da die Umstrukturierung bauliche Veränderungen nach sich ziehen, die durch den Vermieter finanziert werden müssen, wird sich jedoch eine Erhöhung der (Kalt-) Miete ergeben (vgl. Kap. 5.1.2), die hier zunächst unberücksichtigt bleibt.

Außerdem verändert sich der Umlageschlüssel der umlagefähigen Nebenkosten. Da die direkten Nebenkosten nicht zwingend von der Fläche beeinflusst werden, bspw. der in der EDV-Vertriebsfirma angestellte Hausmeister, ergibt sich nicht zwingend eine Veränderung.

Gesamtkosten nach der Flächen-Optimierung

	je m² VMF/ p.m	Verteilschlüssel	Gesamtkosten p.a
Mietzinsen	**11,01**		**136.836,00 €**
Miete ohne Stellplätze	10,50	883	111.258,00 €
Miete Tiefgarage	5,50	153	10.098,00 €
Stellplätze TG	35,00	24	10.080,00 €
Stellplätze außen	25,00	18	5.400,00 €
umlagefähige Betriebskosten	**4,01**	1036	**48.484,80 €**
Betriebsführung Technik	0,68		8.453,76 €
Unterhaltung	0,44		5.470,08 €
Versorgung	1,05		13.053,60 €
Sicherheitsdienst	0,14		1.740,48 €
Entsorgung	0,31		3.800,00 €
Haus-/Mietverwaltung	0,51		6.340,32 €
Steuern, Gebühren Versicherung	0,88		10.940,16 €
Direkte Betriebskosten	**5,33**		**67.263,10 €**
Strom	0,58	1036	7.210,56 €
Reinigung Mietfläche	1,47	1036	18.255,08 €
Glas/Fassadenreinigung		1036	1.073,30 €
Reinigung Gemeinschaftsfläche	0,38	1036	4.724,16 €
Hausmeisterdienste	2,90		36.000,00 €
Summe:	20,23		**265.897,50 €**

Außerdem entstehen Kosten für die punktuelle Anmietung des DG. Bei angenommenem Bedarf an 100 Anmietungen im Jahr ergeben sich zusätzliche variable Kosten i.H. von 12.000 € bei einem Raumtagessatz von 120,- € .

Die Gesamtkosten des Mieters, einen unveränderten Mietzins vorausgesetzt, würden somit von 367.571 € auf 265.897,50 € gesenk. Dies entspricht einer Quote von rd. 28 %.

4.1.5 Auswirkungen der Flächenoptimierung für den Vermieter

Für den Vermieter ergibt sich zunächst eine langfristige Vermarktung der Flächen im EG und 1. OG. Außerdem besteht die Möglichkeit, die Fläche im 2. OG (431 m²) an einen anderen Mieter zu vermarkten. Die Fläche im DG ist an 100 Tagen fest vermietet. Bei ca. 220 Arbeitstagen im Jahr ergibt sich die Möglichkeit, weitere 120 Tage den Schulungs- und Konferenzraum zu vermieten.

Durch die Abmietung der Flächen im 2. OG und des DG entsteht zwar zum Einen die Chance die Flächen an potentielle andere Mieter zu einem ggf. höheren Mietzins als derzeit zu vermarkten, zum Anderen entsteht jedoch auch ein Leerstandsrisiko.

Bedingt durch die entstehenden Umbaukosten und das bestehende Leerstandsrisiko sollte die (Kalt-) Miete erhöht werden. Hierdurch sollen mindestens die Umbaukosten gedeckt werden. Durch die Mieterhöhung wird sich die Rentabilität des Objektes erhöhen.

Weiterhin könnte der Vermieter ein neues Vermarktungskonzept für das Objekt entwickeln und bspw. das Dachgeschoss als Seminarraum tageweise an örtliche Bildungsträger oder Firmen für Tagungen und Schulungen vermieten.

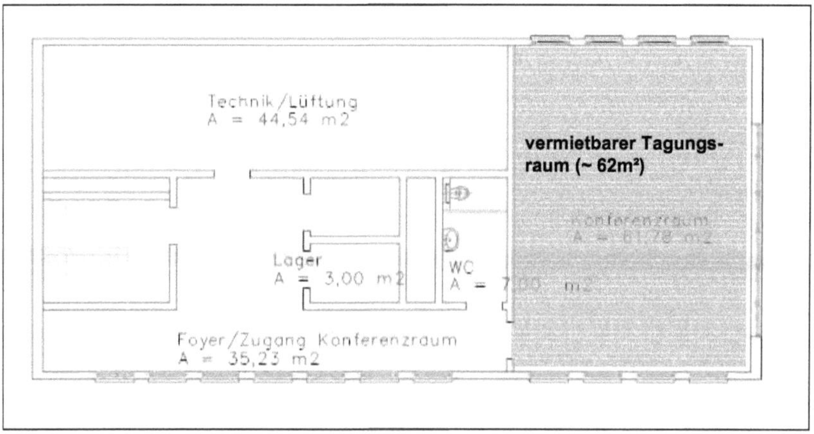

Abbildung 7 Möglicher Tagungsraum im DG

Auf Grund der mit der Analyse verfolgten ganzheitlichen Betrachtung der Optimierungsfelder erfolgt eine Darstellung der gesamten Auswirkungen unter Punkt 5.1.

4.2 Handlungsfeld Betreiberkonzept und Hausmeisterdienste

Wie aus dem Vergleich der Ist-Kennzahlen mit den Betriebskostenbenchmarks unter Punkt 3.2 ersichtlich, ergibt sich eine Differenz bei dem Hausmeisterkosten von jährlichen 16,16 €/m² zur Kennzahl von 3,62 €/m² bei Vergleichsobjekten. Dieser deutliche Unterschied lässt allerdings vermuten, dass eine Kostenoptimierung für den Bereich Hausmeister nur unter Zugrundelegung eines neuen Betriebskonzeptes realisiert werden kann. Daher wird im Folgenden auch das Betriebskonzept grundlegend analysiert.

4.2.1 derzeitige Betriebsorganisation

Die derzeitige Organisation des Betriebs ist in der nachfolgenden Grafik vereinfacht dargestellt. Es zeigt deutlich die Nachteile in der Vertragsgestaltung sowie in der Aufbau- und Ablauforganisation für den Bereich des Gebäudemanagements.

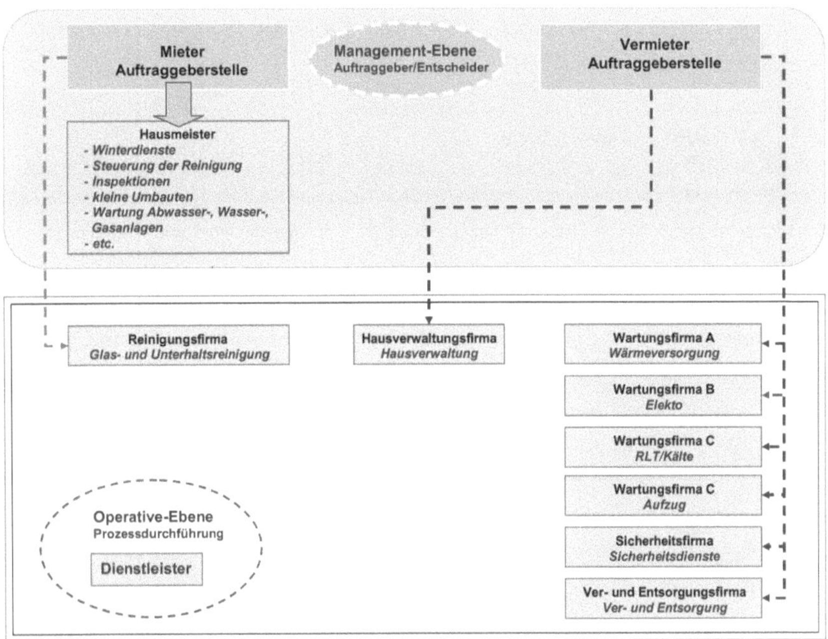

Abbildung 8 derzeitiges Betriebskonzept *vereinfacht schematisch*

Zahlreiche Schnittstellen sowie eine Vermischung von Eigenleistungen des Mieters (eigenen Hausmeister) und Fremdleistungen auf Vermieter-, aber auch auf Mieterseite (Reinigungsleistungen) lassen klare Prozessabläufe für das Gebäudemanagement nur erschwert und umständlich realisieren.

Des Weiteren müssen mindestens acht unterschiedliche Firmen sowie der eigene Hausmeister des Mieters gesteuert und kontrolliert werden. Auf Mieter bzw. Vermieterseite bedeutet das ein erhöhter Aufwand unter anderem auch im Bereich des Vertragsmanagements.

Das derzeitige Betriebskonzept begründet zum Teil die in einzelnen Bereichen erhöhten Betriebskosten des Objektes, da nicht auszuschließen ist, dass Teilleistungen durch unklare Prozessregelungen und nicht eindeutig geklärte Zuständigkeiten doppelt bearbeitet werden. Als gravierendes Beispiel sind hier die Hausmeisterdienste zu nennen. Vom Hausmeister des Mieters werden unter anderem Wartungsarbeiten sowie Instandsetzungen durchgeführt, die möglicherweise auch in den Wartungsverträgen mit den Anlagenerstellern vom Vermieter vereinbart sind.

4.2.2 optimiertes Betriebskonzept

Um eine Verbesserung der Kostenkennwerte der Objektbewirtschaftung und eine eindeutige Prozessregelungen im Gebäudemanagement zur realisieren, empfehlen wir die Umsetzung des nachfolgenden Betriebskonzeptes.

Hierbei besteht zwischen dem Mieter und dem Vermieter nur ein Vertragsverhältnis, in dem sämtliche Aufgaben der Betriebsführung übertragen werden. Der Eigentümer selber schießt einen Vertrag mit einem Generaldienstleister, der über einen FM Steuerer beauftragt und die Leistungen überwacht wird.

Vorteil dieses Konzeptes wäre zum Einen die Entlastung des Mieters von Aufgaben zur Koordination und Beschaffung der Dienstleister und zum Anderen lässt eine Übertragung an einen FM-Generaldienstleister eine höhere Qualität der Leistungserbringung erwarten.

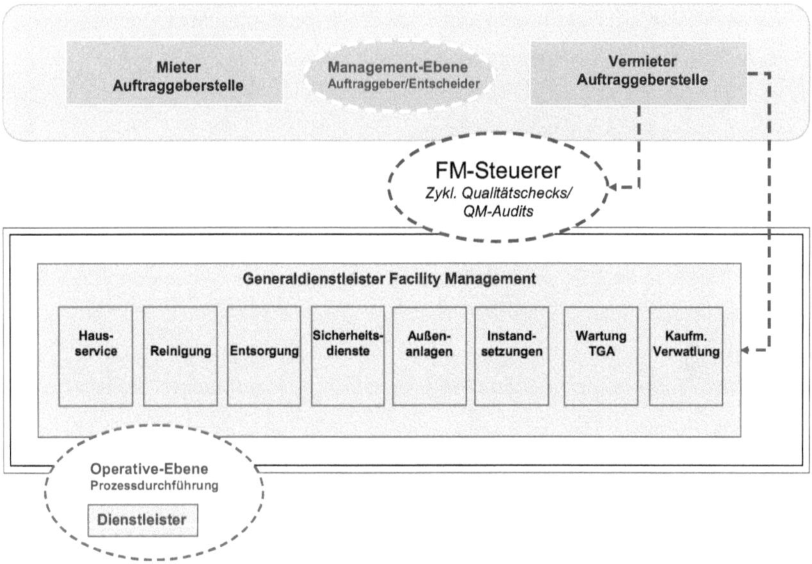

Abbildung 9 SOLL-Betriebskonzept *vereinfacht schematisch*

4.2.3 Umsetzung des optimierten Betriebskonzeptes

Um das dargestellte zukünftige Betriebskonzept zu realisieren, empfehlen wir den derzeitigen Hausmeister des Mieters über ein Outsourcing nach § 613a BGB an einen Generaldienstleister für Facility Management zu überführen. Mit dieser Maßnahme können dann die Gebäudemanagementdienste neu strukturiert und sinnvoll aufeinander zugeschnitten werden. Des Weiteren können durch Bündelungseffekte insbesondere in der TGA-Wartung weitere Effizienzsteigerungen realisiert werden.

Zusätzlich zur Beauftragung eines Generaldienstleisters wird empfohlen, einen unabhängigen Bewirtschaftungssteuerer (auch FM-Steuerer) in den Betriebsablauf zu integrieren. Der FM-Steuerer führt zyklische Qualitätsaudits bzw. Qualitätschecks in den einzelnen Dienstleistungsbereichen durch und minimiert somit das Betreiberrisiko auf Vermieter- bzw. auch auf Mieterseite. Auf Basis der Ergebnisse der Audits werden gemeinsam mit dem Vermieter/Mieter und dem Generaldienstleister Optimierungs- und Verbesserungsgespräche geführt, um eine möglichst hohe Bewirtschaftungsqualität bei geringen Kosten zu realisieren.

Das neue Betriebskonzept bietet für den Mieter bzw. Vermieter die nachfolgenden Vorteile:

- Klare Auftragnehmer/Auftraggeberregelungen
- Effizientere und eindeutigere, schlankere Prozessabläufe
- Ausnutzung von Bündelungseffekten (Kostensenkung)
- Professionalisierung der Bewirtschaftung
- Verbesserung und Reduzierung der Betreiberverantwortung für Mieter und Vermieter

In den nachfolgenden Kapiteln werden neben der Optimierung des Betriebskonzeptes die im Benchmarking auffälligen Dienstleistungsbereiche einzeln betrachtet und optimiert.

4.2.4 Exkurs Outsoucing und Auswirkungen auf die Hausmeisterdienste

Unter dem modernen Begriff Outsourcing (=Outside Resourcing) versteht man den Fremdbezug bestimmter Leistungen bei externen Produzenten, häufig unter Aufgabe der bisherigen innerbetrieblichen Leistungserstellung im Sinne einer Auslagerung. Outsourcing erfolgt zum Zweck der Realisierung schlanker und kostengünstiger Strukturen (Stichwort Lean Management). Diese sollen zu Wettbewerbsvorteilen gegenüber der Konkurrenz führen. Der Fremdbezug kann sowohl Sachgüter als auch in zunehmendem Maße Dienstleistungen betreffen.

Kostengründe sind bis heute das klar dominierende Entscheidungskriterium für Outsourcing. Extern beschaffte Leistungen verursachen keine oder geringere Fixkosten als Eigenleistungen (insbesondere Personal-, Investitions-, Unterhalts- und Raumkosten), da die Infrastruktur für die entsprechenden Aktivitäten nicht zur Verfügung gestellt werden muss. Dadurch passen sich die Kosten besser dem jeweiligen Bedarf an und das Unternehmen kann flexibler auf Nachfrageschwankungen reagieren. Die genannten Kostenvorteile können im Extremfall so ausgeprägt sein, dass die Eigenfertigung nicht nur teurer wäre als ein Outsourcing, sondern dem Unternehmen aufgrund begrenzter Ressourcen schlicht unmöglich wäre. Wenn beispielsweise aktuelle Qualitätsstandards nicht ohne Spezialisierungs-Know-how eingehalten werden können, bietet die Fremdvergabe die Möglichkeit, mit den neuesten Entwicklungen auf einem Gebiet Schritt zu halten ohne die hierfür erforderlichen Ressourcen selbst zu besitzen.

Der § 613a BGB kann im Rahmen eines Outsoucings von Dienstleistungen eines Unternehmens auf eine anderes Unternehmen zur Anwendung kommen. Das Personal geht bei diesem Betriebsteilübergang von dem einen Unternehmen auf den Dienstleister über. Für den Betriebsteilübergang nach BGB sind gesetzliche Rahmenbedingungen einzuhalten. So besitzen die übergehenden Mitarbeiter zum Beispiel einen einjährigen Bestands- und Kündigungsschutz, um eine soziale Grundabsicherung sicherzustellen. Für unser konkretes Projekt bedeutet dies die Überführung des Hausmeisters auf den Generaldienstleister. Die Vollzeitstelle des Hausmeisters kann somit für den Mieter entfallen. Der Generaldienstleister wird den „überführten" Hausmeister in einen Hausservicepool integrieren. Dieser Servicepool bearbeitet die klassischen Hausmeistertätigkeiten für mehrere Objekte des Generaldienstleisters bei verschiedenen Kunden. Für den Mieter bedeutet das im Rahmen des neuen Betriebskonzeptes eine Kostensenkung für die Hausmeisterdienste um 80% gegenüber den derzeitigen Hausmeisterkosten.

4.3 Handlungsfeld Energieverbrauchs- und kostenoptimierung

Aus dem Betriebskostenbenchmarking ist ersichtlich, dass die Kennzahlen der Kosten für den Stromverbrauch nicht optimal sind. In Ermangelung an Unterlagen zum Strompreis werden hier die Konditionen der Strombeschaffung nicht weiter problematisiert, wobei sich auch hier vermutlich ein weiteres Optimierungspotential ergeben kann.

Da der Verbrauch an elektrischer Energie für Beleuchtung summarisch für ein Bürogebäude der betrachteten Größe und Baujahr eine untergeordnete Rolle spielt, wird sich in der folgenden Betrachtung auf die Optimierung der Technischen Gebäudeausrüstung konzentriert.

4.3.1 Begriffsdefinitionen und Grundlagen in der Raumlufttechnik

Zur Klarstellung werden zunächst folgende Begriffe definiert:

Thermodynamische Luftbehandlungsfunktionen:heizen, kühlen, befeuchten, entfeuchten

Lüftungsanlage: Raumlufttechnische Anlage (RLT-Anlage) mit max. einer (z. B. heizen) oder keiner thermodynamischen Luftbehandlungsfunktion.

Teilklimaanlage: Raumlufttechnische Anlage mit zwei oder drei Luftbehandlungsfunktionen (z. B. heizen, Kühlen, entfeuchten)

Vollklimaanlage: RLT-Anlage mit vier Luftbehandlungsfunktionen (heizen, kühlen, befeuchten, entfeuchten)

Behaglichkeitsklima laut VDI:	Raumlufttemperatur:	22-26 °C
	Raumluftfeuchte:	35%-70%

Der erforderliche Luftvolumenstrom wird in der Planung nach verschiedenen Verfahren exakt ermittelt (berechnet). Als Schätzwerte sind folgende Zahlen bezogen auf die Nutzfläche anwendbar:

Verwaltungsflächen (Büro):	8 bis 13 m³/h je m² (Nutzfläche)
Innenflure:	4 bis 6 m³/h je m² (Nutzfläche)
Versammlungsräume/Konferenzräume:	18 bis 26 m³/h je m² (Nutzfläche)
Kantinen/Cafeteria:	20 bis 24 m³/h je m² (Nutzfläche)

4.3.2 Kurzdarstellung der Ausgangslage

Auf Basis des Benchmarkings lassen sich Kostenoptimierungspotenziale im Stromverbrauch bzw. bei den Stromkosten prognostizieren. In Büro und Verwaltungsobjekten sind RLT-Anlagen und Kältemaschinen (sofern vorhanden) neben Aufzügen und Küchengeräten (bei Mitarbeiterverpflegungen, Gästeverpflegungen) häufig die größten Energieverbraucher.

Das betrachtete Objekt besitzt eine Abluftanlage für die Sanitärbereiche sowie eine Teilklimaanlage für die Bereiche:

- Büro, Verkaufsraum, Schulung, Werkstattraum (ca. 9.160 m³/h),
- Konferenzraum (ca. 1.690 m³/h).

Der derzeitige Gesamtvolumenstrom wird mit ~ 10.850 m³/h angegeben. Die Luftaufbereitung erfolgt in einer Teilklimaanlage. Der Anlagenaufbau ist beispielhaft im Folgenden dargestellt.

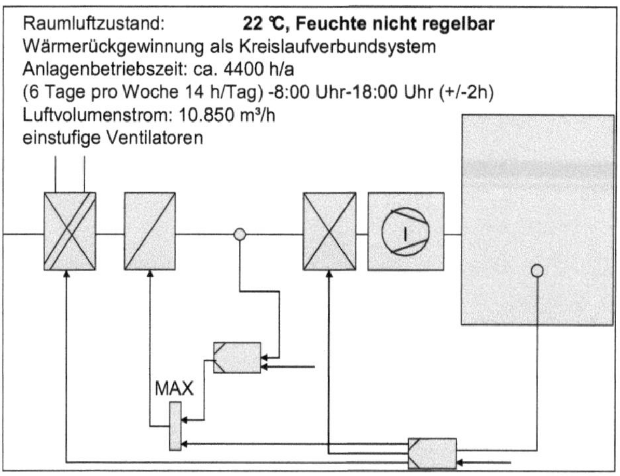

Abbildung 10 derzeitiger Anlagenaufbau

Stellt man nun ein Synergieschluss zur Flächenoptimierung aus Kapitel 4.1 her und optimiert die RLT-Anlage so können Kostensenkungspotenziale für den Mieter realisiert werden.

Folgende Energieoptimierungsmaßnahme werden an der Anlage empfohlen:
- Austausch der einstufigen Ventilatoren und Einbau von frequenzgesteuerte Ventilatoren
- Betriebszeitoptimierung der Anlagenlaufzeiten
- Gleitende Raumlufttemperatur 22℃ bis 26℃
- Anpassen der Luftvolumenströme an den Belegungsstand der Räume

Die bestehende Anlage kann nach Prüfung vor Ort für einzelne Büroräume, insbesondere für die Außenzonen der Büros, für die Schulungsräume und für den Konferenzraum separat abgesperrt werden. Durch Einbau von FU`s in den Zu- und Abluftventilatoren können die Luftvolumenströme über eine Druckregelung oder über eine Anwesenheitssteuerung an den tatsächlichen Bedarf angepasst werden.

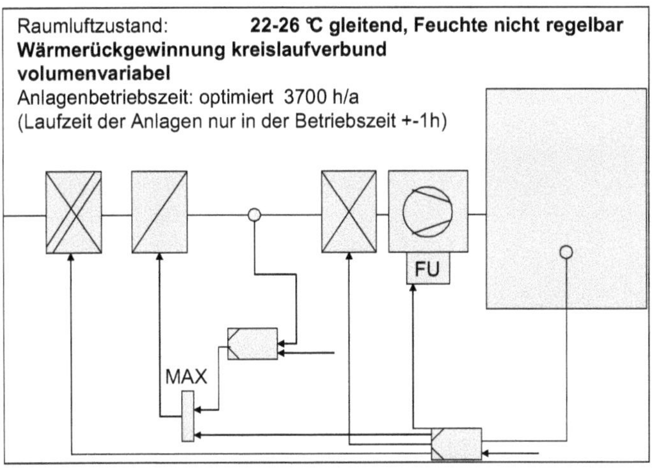

Abbildung 11 Anlage nach der Optimierung

Um die Kosteneinsparungen nachzuweisen, wurde die Anlage mit und ohne Optimierungsmaßnahmen nach der Berechnungsmethode der VDI 2067 berechnet. Die Ergebnisse sind im Folgenden auf Berechnungsblätter für den Standort Essen dargestellt und zeigen deutlich das Einsparpotenzial bei Realisierung der Optimierungsmaßnahmen.

Die notwendigen Investitionen werden in der nachfolgenden Tabelle dargestellt:

Bezeichnung der Optimierungsmaßnahme	Art der Maßnahme	Technische Schwierigkeit bei der Umsetzung	Kostenschätzung In € netto
Einbau und Regelungstechnische Einbindung der FU`s	Planung, Kauf und Einbau	mittel	ca. 6.700 € für beide Ventilatoren
Betriebszeitoptimierung	Programmierung DDC	gering	kostenneutral im Rahmen einer Wartung/Betriebsführung
Anpassung gleitende Temperatur	Programmierung DDC	gering	kostenneutral im Rahmen einer Wartung/Betriebsführung
Anpassung Luftvolumenströme an Belegungsstand	Programmierung, zusätzlicher Einbau von Sensoren/Aktoren	mittel	ca. 3.800 €
		Summe	**ca.10.500**

Tabelle: Investitionen zur Optimierung der TGA

Anlage vor der Optimierung — Büros und Konferenzraum

Eingangsparameter

Raumlufttechnische Anlage Heizen, Kühlen

	Parameter	Kürzel	Wert	Einheit
Wärmekosten	Luftvolumenstrom	VL	10.850	m^3/h
	Minderungsfaktor (Mischkammerbetrieb)	fmw	0,5	nur bei Mischkammern
	spezifische Wärmekapazität	cp	1	KW*s/kg*K
	Dichte der Luft	pL	1,2	kg/m^3
	Raumlufttemperatur	ti	22	°C
	mittl. Außenlufttemperatur	ta1	15	°C
	Korrekturfaktor Betriebstage	fa	6	5/7
	Betriebszeit	bd	14	h/d
	Stundenzahl für Lufterwärmung (ta<ti)	Z1	6500	h/a
	Enthalpie-Korrektur	Tv	0,87	
	jährlicher Wärmverlust durch Transmission	QT	0	kWh/a
	Wärmebedarf nach DIN 4701 ohne Lüftung	Qh	0	kW
	Wärmegewinne im Heizfall (Qp+Qm+QB)		0	KW
	Vollbenutzungsstunden im Jahr	bvh	1700	h
	Warmebedarf	Qa	35.791,44	KWh/a
	Fernwärmekosten (Einheitspreis)	kwe	0,065	€/KWh
	RLT-Wärmekosten	Kwb	**2.326,44**	€/a

	Parameter	Kürzel	Wert	Einheit
Elektroenergiekosten	mittlerer Luftvolumenstrom	VL	10.850	m^3/h
	Gesamtwirkungsgrad des Ventilators	nvt	0,65	
	Betriebszeit	bd	12	h/d
	Korrekturfaktor Betriebstage	fa	6	5/7
	Gesamtdruckdifferenz Zu- und Abluftventilator	Pdiff	1500	N/m^2 bzw. Pa
	Leistungen der Zu- und Abluftventil, bei **mittleren Luftvolumenstrom**	Pv	15,00	KW
	Leistung WW-Umwälz-Pumpe	Pw	0,50	KW
	Energiebedarf WW-Umwälz-Pumpe	Pwa	1.877	KWh/a
	Energiebedarf Ventilatoren	Pva	56.160	KWh/a
	Elektroenergiekosten	ke	0,11	€/KWh
	RLT-Elektroenergiekosten	Kel	**6.384,09**	€/a

10

	Parameter	Kürzel	Wert	Einheit
Kälteenergiekosten	Luftvolumenstrom	VL	10.850	m^3/h
	Minderungsfaktor f. Kälteenergie	fmk	9	nur bei Mischkammern
	spezifische Wärmekapazität	cp	1	KW*s/kg*K
	Dichte der Luft	pL	1,2	kg/m^3
	Raumlufttemperatur	ti	22	°C
	mittl. Außenlufttemperatur	ta1	24,6	°C
	Korrekturfaktor Betriebstage	fa	6	5/7
	Betriebszeit	bd	14	h/d
	Stundenzahl für Luftkühlung (ta>ti)	Z2	320	h/a
	Enthalpie-Korrektur	Tk	1,1	
	Innere Lasten aus der Sonnenstrahlung	Qs	0,0	kW
	Jährliche Wärmegewinne aus Sonnenstrahl.	Qsa	0,00	KWh/a
	Innere Lasten aus Personen	Qp	5,00	KW
	Jährliche Wärmeabgabe der Personen	Qpa	21.900,00	KWh/a
	Innere Lasten aus Beleuchtung	Qb	2,95	KW
	Jährliche Wärmeabgabe der Beleuchtung	Qba	12.885,60	KWh/a
	Innere Lasten durch Maschinen	Qm	2,00	KW
	Jährliche Wärmeabgabe der Maschinen	Qma	8.760,00	KWh/a
	Kälteleistungszahl	e	2,8	
	Kältebedarf (Gesamt)	QKB	58.440,48	KWh/a
	Kühlenergiekosten (Elektrokosten)	kwe	0,11	€/KWh
	RLT-Kältekosten (Elektrokosten)	Kwb	**2.295,88**	€/a

Gesamtkosten der Anlage **11.006,41** **€/a**

Anlage nach der Optimierung — Büros und Konferenzraum

Eingangsparameter

Raumlufttechnische Anlage Heizen, Kühlen

	Parameter	Zeichen	Wert	Einheit
Wärmekosten	Luftvolumenstrom	VL	7.000	m³/h
	Minderungsfaktor (Mischkammerbetrieb)	fmw	0,5	nur bei Mischkammern
	spezifische Wärmekapazität	cp	1	KW*s/kg*K
	Dichte der Luft	pL	1,2	kg/m³
	Raumlufttemperatur	ti	22	℃
	mittl. Außenlufttemperatur	ta1	15	℃
	Korrekturfaktor Betriebstage	fa	6	5/7
	Betriebszeit	bd	12	h/d
	Stundenzahl für Lufterwärmung (ta<ti)	Z1	6500	h/a
	Enthalpie-Korrektur	Tv	0,87	
	jährlicher Wärmverlust durch Transmission	QT	0	kWh/a
	Wärmebedarf nach DIN 4701 ohne Lüftung	Qh	0	kW
	Wärmegewinne im Heizfall (Qp+Qm+QB)		0	KW
	Vollbenutzungsstunden im Jahr	bvh	1700	h
	Warmebedarf	Qa	19.792,50	KWh/a
	Fernwärmekosten (Einheitspreis)	kwe	0,065	€/KWh
	RLT-Wärmekosten	Kwb	**1.286,51**	€/a

	Parameter	Zeichen	Wert	Einheit
Elektroenergiekosten	mittlerer Luftvolumenstrom	VL	7.000	m³/h
	Gesamtwirkungsgrad des Ventilators	nvt	0,65	
	Betriebszeit	bd	12	h/d
	Korrekturfaktor Betriebstage	fa	6	5/7
	Gesamtdruckdifferenz Zu- und Abluftventilator	Pdiff	1500	N/m² bzw. Pa
	Leistungen der Zu- und Abluftventil, bei **mittleren Luftvolumenstrom -mit FU-Regelung-**	Pv	7,50	KW
	Leistung WW-Umwälz-Pumpe	Pw	0,50	KW
	Energiebedarf WW-Umwälz-Pumpe	Pwa	1.877	KWh/a
	Energiebedarf Ventilatoren	Pva	28.080	KWh/a
	Elektroenergiekosten	ke	0,11	€/KWh
	RLT-Elektroenergiekosten	Kel	**3.295,29**	€/a

	Parameter	Zeichen	Wert	Einheit
Kälteenergiekosten	Luftvolumenstrom	VL	7.000	m³/h
	Minderungsfaktor f. Kälteenergie	fmk	9	nur bei Mischkammern
	spezifische Wärmekapazität	cp	1	KW*s/kg*K
	Dichte der Luft	pL	1,2	kg/m³
	Raumlufttemperatur	ti	26	℃
	mittl. Außenlufttemperatur	ta1	24,6	℃
	Korrekturfaktor Betriebstage	fa	6	5/7
	Betriebszeit	bd	12	h/d
	Stundenzahl für Luftkühlung (ta>ti)	Z2	320	h/a
	Enthalpie-Korrektur	Tk	1,1	
	Innere Lasten aus der Sonnenstrahlung	Qs	0,0	kW
	Jährliche Wärmegewinne aus Sonnenstrahl.	Qsa	0,00	KWh/a
	Innere Lasten aus Personen	Qp	5,00	KW
	Jährliche Wärmeabgabe der Personen	Qpa	18.771,43	KWh/a
	Innere Lasten aus Beleuchtung	Qb	2,95	KW
	Jährliche Wärmeabgabe der Beleuchtung	Qba	11.044,80	KWh/a
	Innere Lasten durch Maschinen	Qm	2,00	KW
	Jährliche Wärmeabgabe der Maschinen	Qma	7.508,57	KWh/a
	Kälteleistungszahl	e	2,8	
	Kältebedarf (Gesamt)	QKB	32.889,60	KWh/a
	Kühlenergiekosten (Elektrokosten)	kwe	0,11	€/KWh
	RLT-Kältekosten (Elektrokosten)	Kwb	**1.292,09**	€/a

Gesamtkosten der Anlage **5.873,89** €/a

4.4 Handlungsfeld Reinigungsoptimierung

Der Vergleich der Betriebskostenbenchmarks (vgl. Kap. 3.2) der Unterhaltsreinigung von soll 7,30 €/m²BGF/a mit der Ist-Kennzahl von 14,80 €/m²BGF/a zeigt, dass im Bereich der Reinigung erhebliches Optimierungspotential vorhanden scheint.

Daher wird die Reinigungsdienstleistung zunächst im Ist analysiert und im zweiten Schritt eine Sollkonzeption mit einer Ausgabenschätzung erstellt.

4.4.1 IST – Analyse Reinigungsdienstleistung

Für die laufende Unterhaltsreinigung der Mietflächen muss der Mieter derzeit 27.247,00 € aufwenden. Die Fassadenreinigung kostet dem Mieter, also der EDV – Vertriebsfirma, jährlich weitere 1.140,00 €.

Hinzu kommen weitere Kosten der Reinigung für gemeinschaftlich genutzten Flächen. Durch Glas- und Fassadenreinigung (1.669,00 €) und Unterhaltsreinigung (5.725,00 €) kommen noch einmal 7.394,00 € zu der zuvor genannten Summe hinzu.

Der Mieter hat also laut der Betriebskostenabrechnung des Vorjahres eine finanzielle Belastung durch Reinigungsdienstleistungen von jährlich insgesamt 35.781,00 € für eine Gesamtmietfläche von 1.611m² (ohne Tiefgarage).

Gesamtaufstellung der jetzigen Reinigungskosten:

Aufstellung der aktuellen Reinigungskosten (Musterobjekt)			
	Reinigungsdienste Mietfläche		
+	Glas- & Fassadenreinigung		1.140
	Unterhaltsreinigung		27247
		=	**28.387**
+			
	Reinigungsdienste für gemeinschaftlich genutzte Flächen (128m²)		
+	Glas- & Fassadenreinigung		1669,00
	Unterhaltsreinigung		5725,00
		=	**7394,00**
=	**SUMME**	=	**35.781,00**

4.4.2 Optimierungsvorschlag Reinigungsdienstleistung

Um eine Verbesserung der Kostenwerte in den Bereichen Reinigung und Hausmeisterdienste zu erlangen, sind zum Einen die Organisation der beiden Bereiche im Sinne eines Betreiberkonzeptes zu untersuchen und zum Anderen die Dienstleitungen selber im Sinne Art und Umfang zu betrachten.

Durch ein modernes Reinigungskonzept können erhebliche Einsparungen im Bereich der Gebäudereinigung erzielt werden. Durch die Festlegung von unterschiedlichen Raumgruppen und die Zuordnung jeweiliger einheitlicher Reinigungszyklen pro Raumgruppe sowie die Unterscheidung zwischen Voll- und Sichtreinigung (Ergebnisorientierung in der Unterhaltsreinigung) können wesentliche Kostensenkungspotenziale für den Mieter realisiert werden.

Unter der Annahme eines kalkulatorischen Stundenlohns von 15,35 € (Tariflohn für das Tarifgebiet West 7,87 €/h + ca. 95% Musterzuschläge) und der Berücksichtigung der Standard – Leistungsparameter zur Überprüfung der Auskömmlichkeit je Raumgruppe in Anlehnung an REFA können mehr als die Hälfte der jetzigen Reinigungskosten eingespart werden. Durch die Erstellung von Kalkulationslisten, die später beispielsweise auf einer internetgestützten Ausschreibungsplattform veröffentlicht werden können und in der die jeweiligen Dienstleistungsunternehmen ihre Leistungsparameter eingeben können, entsteht eine einfache Kosten- bzw. Vergleichsübersicht.

Umrechnungstabelle Reinigungen / Zyklen:

Anzahl der jährlichen Reinigungen	Umgerechnet auf wöchen- monatlichen bzw. jährlichen Zyklus
365	7 mal pro Woche
302	6 mal pro Woche
250	5 mal pro Woche
198	4 mal pro Woche
172	gerade KW: 3 mal pro Woche ungerade KW: 2 mal pro Woche
146	3 mal pro Woche
125	gerade KW: 2 mal pro Woche ungerade KW: 3 mal pro Woche
104	2 mal pro Woche
73	gerade KW: 1 mal pro Woche ungerade KW: 2 mal pro Woche
52	1 mal pro Woche
24	2 mal pro Monat
12	1 mal pro Monat
6	6 mal im Jahr
4	4 mal im Jahr

Das moderne Reinigungskonzept verbindet die Vorteile der ergebnisorientierten mit der verrichtungsorientierten Unterhaltsreinigung, indem das Risiko der Verschmutzung auf den Dienstleister und auf den Auftraggeber gleichmäßig verteilt wird und ein grundsätzlicher Begehungsrhythmus je Raum transparent gemacht wird.

Ein weiterer Vorteil des Nutzers des Reinigungssystems liegt in der freien Wahl der Service Level für die Unterhaltsreinigung und der daraus resultierenden Kostentransparenz für den Nutzer bzw. Auftraggeber. Die nachfolgende Definition der Unterhaltsreinigung dient als Konzeptgrundlage. Die Unterhaltsreinigung lässt sich als Vollreinigung, Sichtreinigung oder einer Vermischung der beiden Konzepte ausführen.

Vollreinigung

Definition: Vollreinigungen sind sich wiederholende Reinigungsarbeiten nach festgelegten Zeitabständen und Standards.

Ziel/Ergebnis: Je nach den durchzuführenden Reinigungsarbeiten verschieden, jedoch ist die Oberfläche frei von Verschmutzungen jeglicher Art und in einem optisch einwandfreien Zustand.

Sichtreinigung

Definition: Soweit nicht anders in der Leistungsbeschreibung (Standards) festgelegt erfolgt die Sichtreinigung anstelle der Vollreinigung zur Beseitigung von sichtbaren Verschmutzungen an frei zugänglichen Flächen.

Ziel/Ergebnis: Je nach den durchzuführenden Reinigungsarbeiten verschieden, jedoch ist die Oberfläche frei von Verschmutzungen jeglicher Art und in einem optisch einwandfreien Zustand.

Im Folgenden wird eine Musterleistungsbeschreibung am Beispiel der Raumgruppe B (Büroflächen) im Detail ausgeführt, um das Verständnis des Betrachters für diese Reinigungskonzept zu veranschaulichen.

Raumgruppe B: Büroflächen
(Allg. Büroräume, Einzel- Zellen- und Kombibüros)

Vollreinigung

- Boden (PVC und sonstige Hartbodenbeläge) einstufig nass wischen
- Textilbeläge (Nadelfilz oder Teppich) saugen,
- Griffspuren an abwaschbaren Flächen, Lichtschaltern, Steckdosen, Wänden, Schränken, etc. bis zu einer Höhe von 1,70 m durch feuchtes Reinigen entfernen. Sämtliche Flecken entfernen,
- Griffspuren und sichtbare Verschmutzungen an Türen und Glastüren sowie an Rahmen, Griffen und Beschlägen entfernen,
- Horizontale Flächen (Schreibtische, Sideboards, etc.) des Einrichtungsmobiliars bis 1,70 m, soweit freigeräumt, feucht reinigen,
- Spinnweben entfernen,
- Abfallbehälter und Papierkörbe entleeren (Inhalt in Behältnisse an den entsprechenden Sammelstellen entsorgen),
- Abfallbehälter innen und außen nass reinigen und nachtrocknen, mit entsprechenden Beuteln bestücken,
- Inhalte von Aktenvernichtern entsorgen und mit neuem Auffangbehälter bestücken (wenn Auffangbehälter voll)

Sichtreinigung

- Boden: Entfernung sichtbarer Flecken => inkl. Kaugummi und lose aufliegender Verschmutzungen,
- Entfernung von sichtbaren Verschmutzungen auf horizontalen Flächen des Einrichtungsmobiliars bis 1,70 m, soweit freigeräumt. (z.B. Kaffeeränder auf Schreibtischen),
- Griffspuren und sichtbare Verschmutzungen an Türen und Glastüren sowie an Rahmen, Griffen und Beschlägen entfernen,
- Abfallbehälter und Papierkörbe entleeren (Inhalt in Behältnisse an den entsprechenden Sammelstellen entsorgen),
- Abfallbehälter innen mit entsprechenden Beuteln bestücken,
- Inhalte von Aktenvernichtern entsorgen und mit neuem Auffangbehälter bestücken (wenn Auffangbehälter voll),

4.4.3 Optimierung Reinigungskosten / Unterhaltsreinigung:

Bei einem angenommenen kalkulatorischen Stundenlohn von 15,35 € (alle Reinigungsgruppen) einschl. aller Lohnnebenkosten, Wegezeiten, Arbeitsmaterialien, -geräte, außer Hubsteiger usw., ergebn sich folgende Werte:

Legende Raumgruppen- und Zyklenzuordnung (mittleres Service Level Agreement):

Raumgruppendefinition			Standardleistungskatalog für die einzelnen Raumarten						
Objekt			Standardzyklen			Zeitfenster für die Dienstleistungserbringung			
Kürzel (RG)	Raumgruppe	Raumgruppenbeschreibung	Anzahl der jährlichen Reinigungen		Reinigungsumfang	Tag			Uhrzeit
			Voll-reinigung	Sicht-reinigung	gemäß				
A	Allgemeinflächen	Putzmittelräume, Lager-/Archivräume, Technikräume, Mieterspezifische Räume, Betriebsflächen	6	0	SLA	Montag	bis	Freitag	05:00 bis 08:00 und 19:00 bis 22:00 Uhr
B	Büroflächen	Allg. Büroräume, Einzel- Zellen- und Kombibüros, Besprechungsräume, Seminar- und Schulungsräume	52	198	SLA	Montag	bis	Freitag	05:00 bis 08:00 und 19:00 bis 22:00 Uhr
P	Publikumsflächen	Kundenflächen, SB-Foyers, Empfangshallen, Beratungsräume, Veranstaltungsräume	146	104	SLA	Montag	bis	Freitag	05:00 bis 08:00 und 19:00 bis 22:00 Uhr
S	Sanitärflächen	Sanitärflächen, WCs, Duschen, Umkleide	146	104	SLA	Montag	bis	Freitag	05:00 bis 08:00 und 19:00 bis 22:00 Uhr
So	Sozialflächen	Teeküchen, Cafeterien, Betriebsrestaurant/ Speisenausgabe, Betriebsarzt, Liege-/Ruheräume, Automatenstationen	104	146	SLA	Montag	bis	Freitag	05:00 bis 08:00 und 19:00 bis 22:00 Uhr
V	Verkehrsflächen	Allg. Büroflure, (Not-)Treppenhäuser, Aufzugskabinen, Verkehrswege	104	146	SLA	Montag	bis	Freitag	05:00 bis 08:00 und 19:00 bis 22:00 Uhr
				Die Reinigungszeit ist im Detail mit dem AG abzustimmen!					

Tabelle: Raumgruppen und Reinigungszyklen

Die nachstehend dargestellte Tabelle zeigt ein Kalkulationsgerüst für die Unterhaltsreinigung. Die Kalkulation der Reinigungsleistungen erfolgt über die Eingangsparameter Fläche, Leistungskennzahlen für die Voll – und Sichtreinigung, Reinigungszyklus und über den kalkulatorischen Stundensatz. Je nach dem gewählten Service-Niveau bzw. SLA errechnen sich dann die jährlichen Unterhaltsreinigungskosten je Raum. Für die Leistungskennwerte gibt es vom Gebäudereinigerverband Musterwerte je Raumgruppe (REFA-Werte). Die Flächen des Musterprojektes wurden mit einem mittleren Servicestandard (z. B. einmal pro Woche Vollreinigung und viermal pro Woche Sichtreinigung für Büroräume) und mit Musterleistungskennzahlen kalkuliert und in der Tabelle dargestellt.

Zuordnung Raumgruppen, -zyklen und Leistungsparameter (REFA) auf das betrachtete Objekt:

Kalkulatorischer Stundenlohn*	15,35	(gilt für alle Reinigungsgruppen)

* (einschließlich aller Lohnnebenkosten, Wegezeiten, Arbeitsmaterialien,-geräte, außer Hubsteiger, usw.)

Kalkulationsergebnisse zum Übertrag ins Leistungsverzeichnis (Internet-LV)

Raum-gruppe	Fläche		EP		Jahressumme gerundet	
B	886,00	m²	6,65	Euro/m²a	5.891,90	€ / Jahr
V	368,00	m²	6,03	Euro/m²a	2.219,04	€ / Jahr
S	49,00	m²	38,20	Euro/m²a	1.871,80	€ / Jahr
So	71,00	m²	12,96	Euro/m²a	920,16	€ / Jahr
P	180,00	m²	10,79	Euro/m²a	1.942,20	€ / Jahr
A	319,00	m²	0,37	Euro/m²a	118,03	€ / Jahr
Gesamt	1.873,00	m²			12.963,13	€ / Jahr

Kalkulationshinweis:

Allgemeinflächen

Zusammenstellung der Räume für das Objekt						0						
						Unterhaltsreinigung						
						Anzahl Reinigungen		Leistung m² / Std.		Euro/Jahr		
Raum-gruppe	Raumbezeichnung	Etage	Raum-Nr	Reinigungs-fläche	Bodenart	Voll-reinigung	Sicht-reinigung	Voll-reinigung	Sicht-reinigung	Voll-reinigung	Sicht-reinigung	Summe Raum-reinigung / Jahr (ohne MwSt.)
P	Verkaufsraum			100,00	Teppichboden	146	146	260	800	861,77	280,07	1.141,84 €
So	Sozialraum			71,00	Parkettboden	104	146	200	450	566,59	353,52	920,11 €
S	WC-Räume			49,00	Fliesen	146	104	90	120	1.219,88	651,71	1.871,59 €
P	Eingangsbereich			80,00	Kunststeinboden	146	104	280	800	640,17	159,60	799,77 €
B	Büroräume			606,00	Teppichboden	52	198	250	800	1.934,40	2.301,74	4.236,14 €
V	Flure Bürobereich			303,00	Teppichboden	104	146	350	1.750	1.381,71	387,94	1.769,65 €
B	Schulungsräume			91,00	Teppichboden	52	198	280	1.100	259,36	251,38	510,73 €
B	Werkstatt			71,00	Industrieparkettboden	52	198	280	1.250	202,35	172,59	374,95 €
V	Treppenhaus			63,00	Kunststeinboden	104	146	320	1.200	314,22	117,63	431,85 €
B	Konferenzraum			62,00	Teppichboden	52	198	260	900	190,30	209,33	399,62 €
B	Bürobereich			12,00	Estrich (beschichtet)	52	198	280	1.250	34,20	29,17	63,37 €
[illegible]	[illegible]			3,00	[illegible]	[illegible]	[illegible]	[illegible]	[illegible]	[illegible]	7,47	[illegible]
B	Büroräume (EDV)			44,00	Teppichboden	52	198	250	800	140,45	167,12	307,57 €
A	Fahrgasse			88,00	Estrich (beschichtet)	6	0	250	1.000	32,41	0,00	32,41 €
A	Lagerräume UG			93,00	Estrich (beschichtet)	6	0	250	1.000	34,25	0,00	34,25 €
A	Flure UG			45,00	Estrich (beschichtet)	6	0	250	1.000	16,57	0,00	16,57 €
A	Technikräume			93,00	Estrich (beschichtet)	6	0	250	1.000	34,25	0,00	34,25 €

Abbildung 12 Reinigungskostenkalkulation

4.4.4 Optimierung der Glas- und Fassadenreinigungskosten

Zusammenstellung der Räume für das Objekt							Musterprojekt Glasreinigung								
							Glasreinigung								
							Anzahl Reinigungen		Preis pro m²		Preis pro Reinigung		Euro/Jahr		
Raum-gruppe	Raumbezeichnung	Etage	Raum-Nr	Fenster-fläche	Glasart	Bemerkungen	mit Rahmen	ohne Rahmen	mit Rahmen	ohne Rahmen	mit Rahmen	ohne Rahmen	mit Rahmen	ohne Rahmen	Summe Raum-reinigung / Jahr (ohne MwSt.)
	Eingangsbereich			24,00	Innenglas		52	0	0,55	0,45	13,20	0,000	686,40	0,00	686,40
	Fenster			401,00	Außenglas		2	0	0,85	0,50	340,85	0,000	681,70	0,00	681,70
	Glaspaneele			63,00	Außenglas (einseitig)		2	0	0,45	0,25	28,35	0,000	56,70	0,00	56,70
	Glaspaneele			42,00	Innenglas/Außenglas (einseitig)		2	0	0,45	0,25	18,90	0,000	37,80	0,00	37,80
	Glastrennwände Büros / Flure			900,00	Innenglas		2	0	0,55	0,45	495,00	0,000	990,00	0,00	990,00
															2.452,60

Abbildung 13 Optimierte Glas- und Fassadenreinigungskosten

Die Kalkulation für die Glasreinigung basiert auf Kennzahlen für Reinigungskosten pro m² Glasfläche bei einem Reinigungsgang. Bei der Glasreinigungskalkulation wird zwischen Innen- und Außenglas sowie zwischen der Reinigung mit und ohne Rahmen unterschieden.

4.4.5 Vergleichsdarstellung der Kosten

Aufstellung der optimierten Reinigungskosten (Musterobjekt)		
	Reinigungsdienste Mietfläche	
+	Glas- & Fassadenreinigung	1.766,20
	Unterhaltsreinigung	12.146,79
	=	**13.912,99**
+		
	Reinigungsdienste für gemeinschaftlich genutzte Flächen (128m²)	
+	Glas- & Fassadenreinigung	686,40
	Unterhaltsreinigung	816,34
	=	**1502,74**
=	**SUMME** =	**15.416**

Tabelle: Optimierte Reinigungsgesamtkosten

Die oben dargestellte Tabelle zeigt die Reinigungskosten im optimierten Zustand.
Die Gesamtreinigungskosten könnten durch Umsetzung eines neuen Reinigungskonzeptes bei gleicher Ergebnisqualität deutlich gesenkt werden.

5 Auswirkung der Optimierungen auf Mieter und Vermieter

Um eine Entscheidung für eine Umsetzung der oben komprimiert dargestellten Optimierungsvorschläge herbeiführen zu können, sind im folgenden Kap. 5 die Auswirkungen der Optimierung sowohl für den Eigentümer als auch für den Mieter dargestellt.

5.1 Ermittlung der neuen Miete

Um die finanziellen Auswirkungen der Optimierungsmaßnahmen darstellen zu können, ist zunächst die neue Miete zu ermitteln. Hierbei ist zunächst zu beachten, dass die derzeitige Situation der Kostenunterdeckung vermieden wird.

5.1.1 Bestimmung der neuen Preisuntergrenze

Durch die Optimierung ergeben sich Veränderungen zum Wert vor der Optimierung. Diese entstehen durch vom Umbau (angenommen: 20.000 €) entstandene Abschreibungen sowie die durch das neue Betreiberkonzept entstandenen nicht umlagefähigen Kosten (bspw. Anteil Instandsetzung Hausmeister angenommen 30% der Hausmeisterkosten von insg. 29.000 € für das Objekt).

+ Abschreibungen	116.232 €
+ kalkulatorische Zinsen	127.245 €
+ nicht umlagefähige Kosten	10.825 €
+ Abschreibung durch Umbau	2.000 €
+ kalk. Zinsen durch Umbau	600 €
Summe:	256.902 € pro Jahr

Bei einer vermietbaren Fläche von 1.611 m² beträgt die Preisuntergrenze je m² der Miete somit:

256.902 € p.a / 12 Monate / 1.611 m² = 13,29 €/m²/Monat

5.1.2 Bestimmung des neuen Mietzinses

Wie aus der anliegenden Berechnungsmatrix ersichtlich, verändern sich die Gesamtkosten durch die Optimierungsmaßnahmen von 19,02 €/m² auf 18,45 €/je m². Dies entspricht einer Optimierung von 0,57 € je m². Da sich durch die Optimierung die Gesamtkosten pro Jahr für den Mieter durch die Flächenreduzierung sehr stark reduzieren lassen, sollte im Sinne der angestrebten Win-Win-Situation ein Teil des realisierten Optimierungspotentials durch eine kostenverursachungsunabhängige Erhöhung der Miete erfolgen.

Es könnte sich eine Mieterhöhung von zusätzlichen 0,21 €/m² auf 13,50€/m² ergeben.

Preisuntergrenze	13,29 €
+ Überschuss	0,21 €
= neue Miete	**13,50 € / m² Hauptmietfläche im Monat**

5.2 Darstellung der Auswirkungen der Optimierung für den Mieter

Bedingt durch eine signifikante Reduzierung der benötigten Fläche, wie unter 4.1 dargestellt, und einer einhergehenden Abmietung der nicht mehr benötigten Flächenanteile reduzieren sich die Ausgaben für den Mieter nachhaltig um 1/3 von 367.571 € auf 265.897 € pro Jahr.

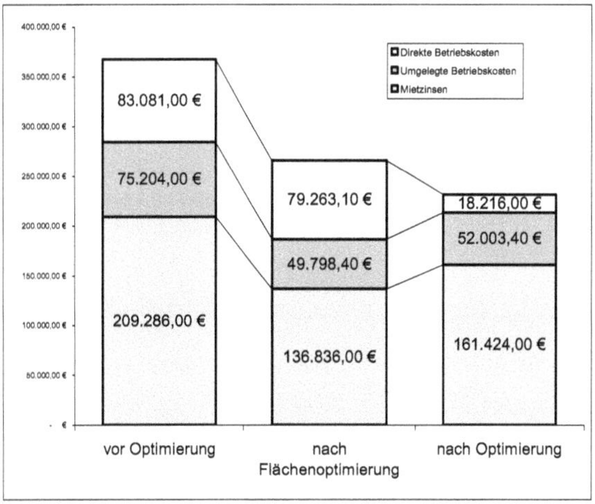

Abbildung 14 Veränderung der Kostenstruktur je m² Mietfläche

Aus den Darstellungen lässt sich auch entnehmen, dass sich durch den Optimierungsprozess die Struktur der gebäudebezogenen Kosten verändert, jedoch sowohl zu einer Reduzierung der jährlichen Gesamtkosten, als auch zu einer Reduzierung der Kosten je m² Mietfläche führt.

Durch Optimierungen des Betreiberkonzeptes, der Reinigungsdienstleistungen und der Technischen Gebäudeausstattung lassen sich zudem die Betriebskosten reduzieren.

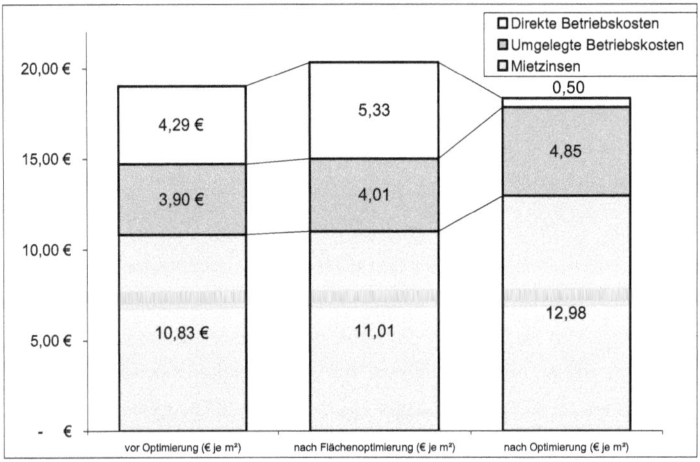

Abbildung 15 Veränderung der Kostenstruktur je m² Mietfläche

Da dies teilweise Investitionskosten oder höheren Verwaltungsaufwand verursacht, bedeuten die Optimierung eine Erhöhung der (Kalt-)Miete. Da sich, wie in der folgenden Tabelle ersichtlich, aber die Betriebskostenreduzierung größer als die notwendige Erhöhung der Miete ist, lassen sich die jährlichen gebäudebezogenen Kosten von 265.897 € (nach einer Flächenreduzierung) auf 231.643 € reduzieren.

Diese weitere Einsparung von 34.254 € entspricht einer Reduzierung der Betriebskosten von 13 %. Insgesamt lassen sich bei einer Umsetzung aller vorgeschlagenen Optimierungsmaßnahmen die gebäudebezogenen Kosten von jährlich 367,571 € auf 231.643 € reduzieren, was einer Einsparquote von rund 37 %.

Gesamtkosten nach der Optimierung

	je m² VMF / p.a	Verteilschlüssel	Gesamtkosten p.a
Mietzinsen	**12,98 €**		**161.424 €**
Miete ohne Stellplätze	13,50 €	883	143.046 €
Miete Tiefgarage	5,50 €	153	10.098 €
Stellplätze TG	35 €	14	5.880 €
Stellplätze außen	25 €	8	2.400 €
Umgelegte Betriebskosten	**4,85 €**	1036	**52.003 €**
Betriebsführung Technik	0,68 €		8.454 €
Versorgung	1,05 €		4.700 €
Sicherheitsdienst	0,14 €		1.740 €
Entsorgung	0,20 €		2.486 €
Haus-/Mietverwaltung	0,51 €		10.070 €
Steuern, Gebühren, Versicherung	0,88 €		10.940 €
Hausmeisterdienste	0,24 €		2.984 €
Reinigung	0,76 €		9.403 €
Glas/Fassadenreinigung	0,10 €		1.226 €
Direkte Betriebskosten	**4,29 €**		**18.216 €**
Strom	0,50 €	1036	6.216 €
Anmietung Konferenzraum	120,- €	100 x	12.000 €
Summe:	**18,63 € /m²**		**231.643 €**

5.3 Darstellung der Auswirkungen der Optimierung für den Eigentümer

Maßgebend für die Umsetzung der Optimierungsvorschläge werden positive Auswirkungen für den Vermieter bzw. Eigentümer des Objektes sein. Hierbei ist eine Verbesserung der Umsatz- und Gewinnsituation, eine Steigerung der Objektrentabilität und das Vermeiden eines ggf. möglichen Leerstandsrisikos ausschlaggebend.

5.3.1 Bestimmung des Umsatzes / Überschuss nach der Optimierung

Ein Indikator für eine Entscheidung für die Umsetzung des Konzeptes ist die Steigerung des Jahresumsatzes. Eine Umsetzung sämtlicher vorgeschlagener Optimierungsvorschläge und eine Vermarktung der frei werdenden Flächen vorausgesetzt, ergeben sich für die Zukunft folgende Einnahmeerwartungen:

883 m² x 13,50 € x 12 Monate : Mieteinnahmen EG + 1.OG		143.046 €
153 m² x 5,50 € x 12 Monate : Mieteinnahmen UG	=	10.098 €
Stellplätze EDV-Firma:	=	8.280 €
100 x 120,- €/ Tag für den Konferenzraum DG	=	12.000 €
weitere vermietbare Flächen:		
freie Stellplätze	=	7.200 €
431 m² x 14,- € x 12 Monate : Mieteinnahmen 2.OG	=	72.408 €
70 x 200,- €/ Tag für den Konferenzraum (Auslastung 70%)	=	14.000 €
	Jahresmiete	267.032 €

Durch die Umsetzung der Optimierungsvorschläge lassen sich somit eine Umsatzsteigerung an Mieteinnahmen von 209.286 € p.a. auf 267.032 € erwarten. Diese Umsatzsteigerung von ~ 57.700 entspricht einer Umsatzsteigerung von ~ 27,5 %.

Abzüglich der anfallenden Kosten vom Umsatz ergibt sich der Überschuss. Wie unter 3.4 dargestellt beträgt der Überschuss vor der Optimierung ca. – 44.268 € p.a..

Der Überschuss nach der Optimierung beträgt:

	Einnahmen	267.032 €
-	Kosten	256.902 €
=	Überschuss	10.130 € p.a.

Nach der Umsetzung der Optimierungsvorschläge könnte das Objekt nun einen Gewinn von ~ 10.000 € pro Jahr erwirtschaften. Hinzu kommen noch die möglichen Überschüsse, die durch den Gewinn des neuen Geschäftsfeldes des Gebäudebetriebes ggf. erwirtschaftet werden könnten. Eine Betrachtung im Rahmen der vorgelegten Arbeit erfolgt jedoch nicht.

Durch die Optimierungsmaßnahmen können somit rund 55.000 € jährlich mehr an Überschuss erwirtschaftet werden.

5.3.2 Bestimmung Rendite nach der Optimierung

Wie unter 3.5 dargestellt, ist die Rendite das Verhältnis des eingesetzten Kapitals zum Gewinn. Die neue Rendite ermittelt sich folglich:

$$\textbf{Rendite} = \frac{\begin{array}{c}\text{Jahresmiete - nichtumlagefähige Betriebskosten} \\ 267.032\ € - 10.826\ €\end{array}}{\begin{array}{c}\text{Herstellkosten (+ kalkulatorische Zinsen)} \\ 3.753.990\ € \ (+\ 129.845\ €)\end{array}} \times 100 = \mathbf{6{,}82\ \%} \quad \mathbf{(6{,}60\ \%)}$$

Durch die Optimierungsmaßnahmen lässt sich die Rendite von 5,60 % auf 6,82 %, bzw. bei Berücksichtigung der kalkulatorischen Zinsen von 5,42 % auf 6,60 % steigern. Die Rendite liegt nun auch über dem angenommenen möglichen, bei Alternativanlagen erzielbaren Werten von 6 %, so dass sich der Betrieb des Objektes nachhaltig lohnt.

5.3.3 Bestimmung der Amortisationszeiten (ROI) der Optimierung

Wie dargestellt, müssen, um eine Optimierung zu ermöglichen, Investitionen getätigt werden. Diese setzen sich aus den Umbaukosten für die Umsetzung der Flächen-optimierung und der RLT-Optimierung zusammen.

Für die Planungsleistung der Flächenoptimierung, der Ausschreibung der Reinigungs- und Hausserviceleistungen sowie für Planungsleistungen für den RLT-Umbau sind außerdem Honorare in einer Größenordnung von 65.000 € vorzusehen.

Für die Vermarktung der durch die Flächenoptimierung freiwerdenden Flächen sind außerdem Maklergebühren von ~ 4.500 € einzuplanen.

Die Gesamtkosten für die Umsetzung der Optimierungsvorschläge belaufen sich somit summarisch auf rund 90.000 €.

Maßnahmenart	Beschreibung	Investitionskosten in € Netto
- Umbauinvestitionen für Flächenanpassungen	Durchführungskosten der Flächenumbaumaßnahmen	10.000 €
- RLT- Optimierung	Kosten für FU und Programmierarbeiten	10.500 €
- FM-Beratung zur Optimierungsumsetzung und zur Umsetzungssteuerung	Beratung bei der Umsetzung des neuen Betriebskonzeptes, Neukonzeption und Ausschreibung der Reinigungs- und Hausserviceleistungen, Planungsleistungen bei Flächenneuaufteilung, Planung Beratung bei der RLT-Anlagenoptimierung	65.000 €
- Maklergebühren	Maklergebühren für Neuvermietung und Mietersuche	4.500
	Gesamtkosten	**90.000 €**

Bei der Amortisationsrechnung nach der vereinfachten Durchschnittsmethode ergibt sich die Amortisationsdauer aus dem Verhältnis vom Kapitaleinsatz zum durchschnittlichen Rückfluss pro Jahr.

Aus Sicht der Verfasser dieser Arbeit wären die Investitionskosten für den Umbau zur Flächenanpassung, die Kosten der RLT-Optimierung und die Maklergebühren durch den Eigentümer, sämtliche Beraterhonorare durch den Mieter zu finanzieren.

Als durchschnittlicher Rückfluss können hier die eingesparten jährlichen Betriebskosten für den Mieter und für den Eigentümer die jährlichen Mehreinnahmen angenommen werden.

Somit ergeben sich folgende Amortisationszeiten:

für den Eigentümer: $$\frac{25.000\ €}{57.700\ €} = 0{,}43 \text{ Jahre}$$

für den Mieter: $$\frac{65.000\ €}{136.000\ €} = 0{,}47 \text{ Jahre}$$

Da die Amortisationszeiten sowohl für den Mieter als auch für den Eigentümer unter einem ½ Jahr liegen, werden die Kosten der Maßnahmen sehr schnell durch die reduzierten Betriebskosten bzw. durch die Mehreinnahmen gedeckt.

6 Management Zusammenfassung

Durch Umsetzung der Optimierungsmaßnahmen kann eine deutliche Verbesserung für den Eigentümer und für den Mieter realisiert werden.

Der Erfolg der Optimierung wird insbesondere durch die optimierte Flächenausnutzung (anderweitige Vermarktung des 2.OG und des DG), der Optimierung des Betriebskonzeptes mit den Teilbereichen Hausservice und Reinigung sowie durch eine Optimierung der Raumlufttechnik erreicht.

Ergebnis nach der Umsetzung des vorgelegten Konzeptes wird zum Einen die signifikante Steigerung der Objektrendite, bedingt durch jährliche **Mehreinnahmen von ~ 57.700 €** (+ 27 %) für den Eigentümer von derzeit 5,52% auf eine **Objektrendite von 6,82 %** sein.

Zum Anderen ergibt sich für den Mieter eine Reduzierung der absoluten Gesamtnutzungskosten um jährlich ca. 136.000 €. Die ausgewiesene Nutzungskosteneinsparung für den Mieter entspricht pro Jahr einer **Kostenreduzierung um ca. 37%** der objektbezogenen Kosten.

Für die Umsetzungen der dargestellten Maßnahmen sind etwa **90.000 € an Ausgaben** notwendig. Da die Ausgaben sowohl durch den Eigentümer (25.000 €) und den Mieter (65.000 €) zu tragen wären, ergibt sich eine statische **Gesamtamortisationszeit von unter einem 1/2 Jahren**.

Zur weiteren konkreten Vorgehensweise zur Umsetzung der Optimierungsvorschläge werden folgende Schritte empfohlen:

- Beauftragung der FM- Beratungsleistungen durch den Mieter und Vermieter
- Umsetzung der Flächenoptimierungsmaßnahme auf Mieterseite (Umbau / Umzüge)
- Optimierung der Flächennutzungskosten (u.a. Neuvergabe der Reinigungsleistungen)
- Umsetzung der Energieoptimierungsmaßnahmen (z.B. RLT-Anlagenoptimierung)
- Umsetzung und Etablierung des neuen Betriebskonzeptes